Ideal Oscar Libouga
Laurent Bitjoka
Nicolas Njintang Yanou

Analyse Automatique d'images d'amidons

Ideal Oscar Libouga
Laurent Bitjoka
Nicolas Njintang Yanou

Analyse Automatique d'images d'amidons

Images d'amidons de tubercules pour le contrôle qualité non destructif

Noor Publishing

Imprint

Cover image: www.ingimage.com

Publisher:
Noor Publishing
is a trademark of
International Book Market Service Ltd., member of OmniScriptum Publishing Group
17 Meldrum Street, Beau Bassin 71504, Mauritius

Printed at: see last page
ISBN: 978-620-2-35961-0

DEDICACE

A toute la famille LIBOUGA :

Mon grand frère David Style décédé le 20 Mars 2013 des suites d'insuffisance cardiaque

Mon père Emmanuel

Ma mère Marie Thérèse

Mes sœurs Eva Angela, Chantal Grâce, Perpétue Hedwige

Ma très chère Madeleine

REMERCIEMENTS

Ce mémoire a été préparé au département de génie Electrique-Energétique-Automatique de l'Ecole Nationale des Sciences Agro-Industrielles (ENSAI) de l'Université de Ngaoundéré au sein du groupe de recherche en Modélisation, Traitement d'Images et Applications (MOTRIMA) dans le Laboratoire de Génie Electrique et Automatique Industrielle en partenariat avec le Laboratoire de Biophysique, Biochimie Alimentaire et Nutrition (LBBAN).

J'adresse mes remerciements à l'endroit de :

Pr. BITJOKA Laurent et Pr. NJINTANG YANOU Nicolas pour m'avoir fait confiance en acceptant de diriger mes premiers pas dans la recherche : affables, ils m'ont accueilli dans leur équipe, ont cru en moi, ont su me guider jusqu'au bout en m'insufflant à la fois la rigueur scientifique, le sens de la persévérance et celui du goût de l'effort. Ces quelques mots de gratitude sont bien peu par rapport à nos échanges, leurs conseils, leur encadrement, leur disponibilité, ..., entre autres choses.

Pr. NSO Emmanuel Jong Directeur de l'ENSAI pour l'amour et l'attention particuliers qu'il porte à cet établissement.

Pr. MBOFUNG Carl Moses Funtong ancien Directeur de l'ENSAI pour m'avoir accueilli dans son établissement.

Pr. KUITCHEU Alexis Chef de Département de Génie Electrique-Energétique-Automatique pour sa dévotion à la bonne marche de ce Département.

Mes enseignants du Département de Physique de la Faculté des Sciences ainsi que ceux de l'ENSAI, plus particulièrement : Pr. Tieudjo Daniel, Pr. KAMTA Martin, Dr NTAMACK Guy Edgard, Dr NANA ENGO Serge Guy, Dr NTSAMA ELOUNDOU Pascal, Dr EFFA Joseph Yves, Dr NZIE Wolfgang, Dr KAMGANG Jean Claude, Dr KAMLA Vivien Corneille et Dr EDOUN Marcel.

Mr Boukar Ousman et Mr PANYO AKDOWA Emmanuel pour la mise à ma disposition de documents d'une très grande importance.

Dr MOUANGUE Ruben et Dr Himeda pour leurs précieuses astuces ; Mr Waldogo Beldo pour ses conseils en programmation.

Les Lib's : Poi Ga, Ma LéOd, Le Dav, les twings, Géé.

Mon papa NSIMI Patrice Elie.

Le BEA's club.

Mr BILLONG II Emmanuel, Mr Mbozo'o Martin et Mr ETEME Mathieu pour leur pragmatisme.

NGAE Papin Gael, NELSON Diangha, Mr NDEUKAM Hyacinthe mon ami personnel, mes voisins et potes des mini-cités Maturité et Oval.

Mes intimes NDI NDJALI Joseph, BERI Sidcine, NDO NDO Eddie Claude, MBANGA Jean Jules, NKOYOCK Aaron Merciel.

Mon fiston KODIA Emmanuel Désiré.

Mes partenaires d'armes OTTOU Christian, Hiol Victor Dermy et MBOUDJAKEU Anselme.

La communauté de la paroisse EPC Hermon Ngaoundéré, singulièrement le CODIPHERN et la Chapelle Malang-Béthanie pour l'appui spirituel.

Tous ceux qui ont contribué de près ou de loin, directement ou indirectement et que j'ai omis d'énumérer ici.

Eternel, Dieu Tout Puissant, Père de notre Seigneur et Sauveur Jésus-Christ pour les innombrables grâces dont il me comble sans cesse, mes proches et moi.

LISTE DES FIGURES

LISTE DES TABLEAUX

TABLE DES MATIERES

RESUME

L'analyse d'image est une nouvelle technologie pour la reconnaissance d'objets et l'extraction d'informations quantitative d'images numériques dans le but de produire une évaluation de la qualité objective, rapide, sans contact et non destructive. Ce travail visait à étudier le potentiel des attributs d'images pour la classification de neuf (09) variétés d'amidons de tubercules : les taros variétés Ibo coco (IC), Lamba (L) et le taro géant *Cyrtosperma merkusii* (TG), les macabos variétés macabo blanc (MB) et macabo rouge (MR), le manioc amer (MA), la patate douce (PD), la pomme de terre (PT), le Tacca leontopetaloïde (TL). Les attributs d'images extraits sont des attributs de taille : l'aire, le diamètre circulaire équivalent, le périmètre et des attributs de forme : la compacité, la circularité, le diamètre hydraulique, ainsi que les sept (07) moments de Hu. Ces attributs d'images ont été soumis à une analyse de la variance à un facteur suivie d'un test des comparaisons multiples de Duncan. Cette étude a révélé que trois (03) des treize (13) attributs d'images considérés à savoir le diamètre hydraulique (DH), les deuxième (H2) et sixième (H6) moments de Hu satisfont pleinement chacun à identifier nos amidons suivant leurs origines botaniques, tandis que d'autres tels que l'aire, le diamètre circulaire équivalent (DCE), le périmètre (Pér) et les premier (H1) et quatrième (H4) moments de Hu sont chacun incapables de distinguer les macabos du manioc. Une étude de corrélation a été effectuée entre les différents attributs d'images et entre ces attributs et des paramètres physico-chimiques de ces amidons. La visualisation de ces corrélations sur le cercle de corrélation a permis de voir des similitudes de fait entre certains de ces attributs d'images entre eux à plus de 90% et entre certains de ces attributs d'images et quelques paramètres physicochimiques de nos amidons de l'ordre de 70%.

Mots clés : *analyse d'images, poudres d'amidons, attributs d'images de taille, attributs d'images de forme, analyse de données.*

ABSTRACT

Image analysis is a novel technology for recognizing objects and extracting quantitative information from digital images in order to provide objective, rapid, non contact, and non destructive quality evaluation. This work aimed to study the potential of image features for classification of nine (09) tuber starch varieties: taros varieties Ibo coco (IC), Lamba (L) and giant taro *Cyrtosperma merkusii* (TG), macabos varieties white macabo (MB) and red macabo (MR), cassava (MA), sweet potato (PD), potato (PT), Tacca leontopetaloïde (TL). The image features extracted are size image features: area, equivalent diameter (DCE), perimeter (Per) and shape image feature: compactness (Com), circularity (Cir), hydraulic diameter (DH) and the seven Hu moments (H1, H2, H3, H4, h5, H6, H7). One way ANOVA followed by Duncan multiple comparisons test have been applied to these image features. This study reveled that three of the thirteen image features extracted (DH, H2 and H6) give us a total satisfaction. Some image features (area, Per, H1 and H4) are unable to distinguish macabo from cassava. A correlation study has been done between image features and between this image features and physicochemical parameters of these starches. It reveled more than 90% of similarity between some image features and round 70% between some image features and physicochemical parameters.

Keywords: *image analysis, starch powder, size image features, shape image features, data analysis.*

INTRODUCTION

L'authentification des produits agroalimentaires est une préoccupation majeure, tant pour le consommateur que pour l'industrie agroalimentaire et ce, à tous les niveaux de la chaîne de production : des matières premières aux produits finis (Cuny, 2008). Les problèmes d'authenticité dans la filière agroalimentaire ne sont pas récents et remontent même aux civilisations grecque et romaine. L'authenticité d'un produit peut être définie par sa conformité à sa définition. Encore faut-il qu'il y ait une définition. Lorsque l'on prend le cas des produits agroalimentaires, plusieurs problématiques d'authenticité se posent : conformité à l'espèce ou à la variété, au contenu présumé, à son origine naturelle ou artificielle, à son mode de culture biologique ou conventionnelle, à son mode de production « sauvage » ou élevé, la non-adultération, la conformité avec le millésime de production, ou encore l'origine géographique (Cuny, 2008). La raison majeure de la fraude agroalimentaire est évidemment économique. Il s'agit de générer des profits supérieurs avec des produits de moins bonne qualité.

Pour des questions de sûreté et d'équité commerciale, la réglementation de l'industrie agroalimentaire a pour but d'assurer au consommateur la loyauté de l'information : dénomination, caractéristiques, provenance des produits. La détection et la prévention des fraudes, par les autorités compétentes, utilisent des contrôles adaptés au produit et au paramètre suspect. Par ailleurs, l'industrie, toujours pressée par les délais, souhaite s'affranchir des contrôles de la qualité de sa filière : de la réception de la matière première au produit fini en sortie d'usine, en passant par la maîtrise de la qualité du procédé, et ce pour se conformer aux standards de qualité (tel ANOR au Cameroun). Pour des questions économiques de rentabilité ces contrôles doivent être menés de manière rapide, simple, sûre et peu coûteuse.

Ainsi, les méthodes d'analyse rapides pour contrôler un nombre important de paramètres sur des produits à différents stades de leur fabrication sont une aide précieuse, génératrice de profits.

La qualité est un facteur principal pour l'industrie agroalimentaire moderne parce que la haute qualité de produit est la base du succès sur le marché extrêmement compétitif d'aujourd'hui. Dans l'industrie agroalimentaire, l'évaluation de la qualité dépend toujours fortement de l'inspection manuelle basée sur des attributs tels que l'aspect, l'odeur, la texture, et la saveur. Cette approche pénible, laborieuse, et coûteuse, est facilement influencée par des facteurs physiologiques, induisant souvent des résultats subjectifs et contradictoires. En plus de la contradiction et de la variabilité, les coûts de main-d'œuvre élevés liés à l'inspection manuelle accentue le besoin de systèmes objectifs de mesures (Narendra & Hareesh, 2010).

La vision artificielle ou vision par ordinateur ou vision industrielle est une nouvelle technologie qui a pour but de reproduire certaines fonctionnalités de la vision humaine au travers de l'analyse d'images. En pratique elle permet d'identifier des objets et d'extraire l'information quantitative à partir des images numériques afin de fournir une évaluation de qualité objective, rapide, sans contact, et non destructive (Sun, 2008). Elle est donc adaptée à la détection automatique de fraudes dans les produits agroalimentaires.

Le sujet d'initiation à la recherche abordé lors de notre mémoire de Master s'inscrit dans un contexte industriel, où la vision par ordinateur est utilisée pour le contrôle automatique de la qualité des produits agroalimentaires. L'objectif général est d'ébaucher un système d'authentification (reconnaissance de l'origine botanique) automatique des amidons de tubercules et de céréales par analyse d'images de microscopie optique.

L'amidon est la molécule la plus abondante dans les tubercules et les céréales. C'est le marché des ingrédients alimentaires le plus important de l'agroalimentaire et notamment en Union Européenne avec un pourcentage estimé à 57%, soit 21% d'amidon natifs et 26% d'amidons modifiés. Il est utilisé dans les confiseries et pâtisseries, les boissons, les plats préparés, les produits laitiers, carnés et boulangers. Le choix de l'amidon se justifie également par son marché de plus en plus croissant évalué à 5.7 millions de tonnes en 2014 (Ingredient, 2008). Ce marché est dominé par les Etats unis (51%), les pays autres que l'UE (32%) et l'UE (17%). L'Afrique et par conséquent le Cameroun sont des marchés de plus en plus sollicités

L'étude de l'amidon pouvant être envisagée en le considérant soit comme une entité physique caractérisée par une diversité de formes et de tailles, soit encore comme entité de caractérisation des espèces en botanique (Malumba et *al.*, 2011), nous nous posons la question (de recherche) suivante : l'amidon peut-il servir d'empreinte botanique par analyse d'images de microscopie optique?

Considérant les hypothèses : d'une part en analyse d'images de microscopie optique des attributs sont spécifiques pour chaque variété d'amidon et d'autre part certains de ces attributs peuvent être corrélés avec des paramètres physicochimiques de chaque variété d'amidon, nos objectifs spécifiques sont de définir des attributs d'images spécifiques à chaque variété d'amidon considérée et établir d'éventuelles corrélations entre les attributs d'images et entre ces attributs d'images et les paramètres physicochimiques de chaque variété d'amidon considérée.

Nous avons scindé ce mémoire en trois chapitres. Nous rappelons dans le premier chapitre, quelques généralités sur l'amidon et l'analyse d'images. Dans le second chapitre, nous présenterons le matériel et les méthodes. Le dernier chapitre est consacré à la présentation et discussion des résultats obtenus. Nous allons terminer par une conclusion de ce travail et des perspectives.

CHAPITRE I : REVUE DE LA LITTERATURE

Dans ce chapitre, nous esquissons les généralités sur l'amidon et l'analyse d'images. Cette revue de différents concepts, techniques et approches n'a pas pour but d'être exhaustive mais de montrer la grande diversité qui existe au sein de ces vastes domaines. Les références sont légions et celles citées en exemples sont celles qui nous ont semblées les plus à même d'illustrer nos propos. Ce chapitre est structuré en deux sections dont la première est dédiée à l'amidon et la seconde à l'analyse d'images.

I-1- L'AMIDON

L'amidon (du latin amylum, non moulu), de formule chimique $(C_6H_{10}O_5)_n$, est un polysaccharide de réserve utilisé par les végétaux supérieurs pour stocker de l'énergie, au même titre que le glycogène chez les animaux (Pérez & *al.*, 2009). Il est après la cellulose, la principale substance glucidique synthétisée par les végétaux supérieurs à partir de l'énergie solaire et constitue une source énergétique indispensable à l'alimentation des êtres vivants et de l'Homme en particulier (Jane, 2009). Les sources d'amidon les plus importantes sont représentées par les céréales (30 à 70% de la matière sèche), les tubercules (60 à 90 %), les légumineuses (25 à 50 %), certains fruits peuvent également être riches en amidon (Schwach, 2004).

L'étude de l'amidon peut être envisagée en le considérant soit comme une entité physique caractérisée par une diversité de formes et de tailles, soit comme une entité chimique composée principalement de polymères de glucose, ayant une structure cristalline typique et présentant des comportements particuliers en fonction des conditions hydro-thermiques auxquelles ils ont été soumis et des interactions qu'ils peuvent établir avec d'autres constituants, soit encore comme entité de caractérisation des espèces en botanique (Malumba, 2011).

I-1-1- Structure

I-1-1-1- Morphologie

L'amidon, après extraction des organes de réserve des végétaux supérieurs et purification, se présente sous la forme d'une poudre blanche insoluble dans l'eau à température ambiante et constituée d'entités microscopiques (nommées grains ou granules d'amidon) dont la taille (2 à 100 µm), la morphologie (sphérique, lenticulaire, polyédrique, ellipsoïdale, ...), la composition, la position du hile (point de départ de la croissance du grain) dépendent de l'origine botanique (Tara, 2005).

I-1-1-2- Composition moléculaire

Les deux composants principaux (98-99%) de l'amidon, qui peuvent être identifiés seulement après séparation suite à la solubilisation des granules, sont les macromolécules d'amylose et d'amylopectine (Pérez et *al.*, 2009). Les amidons dits "cireux" (waxy) sont principalement constitués d'amylopectine et de seulement 0% à 8% d'amylose, les amidons "standards" contiennent environ 75% d'amylopectine et 25% d'amylose, et les amidons dits "riches en amylose" contiennent de 40 à 70% d'amylose (Jane, 2009). Un troisième homopolymère de glucose est parfois observé et des constituants mineurs, tels que des lipides, protéines ou minéraux peuvent être présents dans l'amidon purifié (Angellier, 2005). Ces constituants, quoique présents en faible quantité, sont susceptibles de modifier les propriétés physico-chimiques de l'amidon (Schwach, 2004).

L'existence d'un matériel intermédiaire (structure intermédiaire entre celle de l'amylose et de l'amylopectine), dont le type et la quantité de ce matériel dépendent de l'origine botanique, du degré de maturité et de la teneur en amylose du grain d'amidon, a été mise en évidence par différents auteurs (Singh & *al.*, 2003).

Tableau 1 : Propriétés morphologiques et moléculaires des amidons de différentes origines botaniques (Schwach, 2004).

Origine botanique	Forme	Diamètre (µm)	Amylose (%)	Lipides (%)	Protéines (%)	Minéraux (%)
Blé	Lenticulaire, polyédrique	2 – 38	26 – 27	0.63	0.30	0.10
Maïs	Polyédrique	5 – 25	26 – 28	0.63	0.30	0.10
Orge	Lenticulaire	2 – 5				
Riz	Polyédrique	3 – 8				
Pomme de terre	Ellipsoïdale	15 - 100	20 – 24	0.03	0.05	0.30

I-1-2- Amidons natifs et amidons modifiés

I-1-2-1- Amidons natifs

Obtenu par extraction, l'amidon est donc appelé natif parce qu'il n'a subi aucune modification chimique de sa molécule initiale. Les propriétés physicochimiques des amidons natifs limitent leur utilité dans certaines applications commerciales. Selon l'application, ces limites peuvent inclure un manque de fluidité ou une certaine hydrophobicité des granules d'amidon; une insolubilité et une impossibilité des granules à gonfler et à développer une haute viscosité en eau froide; une viscosité excessive ou non contrôlée après cuisson de l'amidon une texture cohésive ou caoutchouteuse de l'amidon (surtout celui provenant du maïs cireux et de la pomme de terre) ; le manque de clarté de la solution et la tendance des sols d'amidon préparés à partir du maïs et du blé et des amidons conventionnels de céréale à devenir opaque et gélifiés une fois refroidis; etc. (Chiu & Solarek, 2009).

I-1-2-2- Amidons modifiés

Des amidons modifiés ont alors été développés pour surmonter une ou plusieurs de ces limites d'application rencontrées avec les amidons natifs et pour augmenter ainsi l'utilité de l'amidon pour une myriade d'applications industrielles. Les différentes modifications procurent des caractéristiques physicochimiques nouvelles aux amidons qui peuvent dès lors être utilisés à de nouvelles fins. Le terme modifié s'applique en général à tout amidon natif dont les propriétés chimiques et physiques ont été altérées soit par une scission significative de la molécule, un réarrangement des molécules, une oxydation ou par l'introduction de groupements fonctionnels par substitution. Cette définition inclut la conversion acide, la chloration, la conversion pyrolytique, la conversion enzymatique, la réticulation, et finalement, tous les dérivés découlant des différentes substitutions (Chiu & Solarek, 2009).

I-1-3- Quelques propriétés physico-chimiques

D'une façon générale, l'amidon absorbe très peu d'eau à la température ambiante, et son pouvoir gonflant est également faible. En présence d'un excès d'eau et dans des conditions de température optimales, le grain d'amidon absorbe de l'eau et gonfle, ensuite se gélatinise (gélatinisation), puis se solubilise (empois). Au cours du refroidissement, il se transforme en gel (gélification).

I-1-3-1- La solubilité et le pouvoir de gonflement

le pouvoir de gonflement et la solubilité des amidons de différentes origines botaniques varient significativement (Singh & *al.*, 2003). A température ambiante, les grains d'amidon natifs sont insolubles dans l'eau (Angellier, 2005). Quand les molécules d'amidons sont chauffées dans un excès d'eau, leur structure cristalline est perturbée et les molécules d'eau deviennent liées par les liaisons hydrogène aux groupes hydroxyles de l'amylose et l'amylopectine, ce qui cause un accroissement de la grosseur des granules et de la solubilité (Singh & *al.*, 2003). Si la température augmente, la capacité d'absorption augmente également et au final un éclatement de la structure granulaire va permettre la solubilité de l'amylose et de l'amylopectine et générer une solution colloïdale (Schwach, 2004). Par augmentation de la température, on atteindra le stade de la gélatinisation.

I-1-3-2- La gélatinisation ou empesage

Lors du chauffage d'une suspension d'amidon, on observe un gonflement du grain jusqu'à une température (dite de gélatinisation ou d'empesage, qui dépend de l'origine botanique de l'amidon et de la teneur en eau, en général aux alentours de 45-70°C) à laquelle se produit la dispersion irréversible du granule en milieu aqueux (Schwach, 2004). Afin de déterminer la température de gélatinisation ou d'empesage (point d'éclatement du grain), la mesure de viscosité et de biréfringence sous lumière polarisée sont utilisées. La gélatinisation est également possible à la température ambiante par l'utilisation de solvants comme l'ammoniac ou le DMSO : gélatinisation chimique (Chiu & Solarek, 2009).

I-1-3-3- La rétrogradation

Lors du refroidissement d'une dispersion d'amidon préalablement chauffée au-delà de la température de gélatinisation, on assiste à la cristallisation (ou recristallisation) de l'amidon hydraté : c'est la rétrogradation (Tara, 2005). Lorsque l'on atteint une concentration en amidon suffisante, il se forme un gel qui s'accompagne de changements de viscosité et par une augmentation de l'opacité. Cette formation est un phénomène qui est influencé par la mobilité des molécules : la teneur en eau, la température et le temps sont donc des facteurs importants qui contrôlent ce phénomène (Schwach, 2004).

I-1-4- Quelques applications industrielles

I-1-4-1- Industries agro-alimentaires

Les industries agro-alimentaires utilisent l'amidon sous forme native, modifiée, de sirop de glucose (qui peut être obtenu par hydrolyse acide de l'amidon) et de dextrose (D-glucose) moins sucré que le saccharose mais qui agit en synergie avec lui lorsqu'ils sont mélangés donnant un pouvoir sucrant élevé. Il est utilisé comme épaississant (potages, sauces, ...) pour le coffrage et le capsulage, comme gélifiant et comme stabilisant (de par sa grande rétention d'eau) (Mason, 2009)

I-1-4-1-1- Boulangerie

L'ajout de dextrose dans le pain et dans d'autres produits de boulangerie permet une fermentation plus rapide et plus complète. Il donne aussi une croûte plus brune et brillante par les réactions de Maillard, ainsi qu'une meilleure conservation (Mason, 2009).

I-1-4-1-2- Confiserie

L'amidon natif et l'amidon modifié sont employés dans la fabrication de dragées, de caramels, de gommes dures et tendres, de fondants ... L'amidon est utilisé dans la fabrication de moules, ainsi que pour l'enrobage des confiseries afin qu'elles ne collent pas entre elles. Le dextrose empêche la cristallisation et réduit l'hygroscopie du produit fini (Mason, 2009).

I-1-4-1-3- Fruits en conserves, confitures

Le saccharose est remplacé de plus en plus par du dextrose ou par du sirop de glucose, ce qui aide à maintenir le pourcentage désiré de produit solide sans donner un goût trop sucré (le pouvoir édulcorant étant seulement de 0,4 - 0,7), soulignant ainsi la saveur naturelle du fruit. La cristallisation est également diminuée (Mason, 2009).

I-1-4-1-4- Glutamate de sodium

Dérivé successivement de l'amidon, du glucose et de l'acide glutamique, le glutamate de sodium est utilisé comme agent de sapidité (exhausteur de goût) dans les aliments tels que les viandes, les légumes, les sauces... (Mason, 2009).

I-1-4-1-5- Levures séchées

L'amidon hydrolysé constitue un milieu nutritif à faible coût pour la croissance des levures. Celui-ci apporte des sucres simples (dextrose) ainsi que des matières minérales. Elles sont ensuite séchées sur séchoirs ou sur lit fluidisé et peuvent aussi être inactivées. Les levures inactivées sont utilisées dans l'alimentation diététique, l'alimentation animale et au cours de la panification ; le taux de protéines de ces levures est compris entre 40 et 50 % (Mason, 2009).

I-1-4-1-6- Alcools

La fermentation de l'amidon de pommes de terre conduit à la formation d'éthanol par transformation du glucose en éthanol sous l'action de levures. L'alcool le plus connu issu de l'amidon de pommes de terre est la Vodka. Cependant la fermentation peut aussi conduire à la formation d'alcool amylique ($C_5H_{11}OH$) très nocif (Mason, 2009).

I-1-4-2- Industrie papetière

Les amidons anioniques et cationiques sont très utilisés en papeterie. Ils se retrouvent à trois étapes de la fabrication : d'abord à la fin du traitement à l'eau, lorsque la fibre de cellulose est écrasée afin d'augmenter la dureté du papier et lui conférer sa résistance aux pliages ; puis dans la presse, lorsque la feuille de papier a été formée et partiellement séchée, l'amidon modifié est ajouté sur un ou sur les deux côtés de la feuille afin d'augmenter le fini et les propriétés d'impression du papier ; enfin lors du couchage du papier, lorsqu'une couche de pigment est exigée pour le papier où l'amidon intervient comme agent de couchage et également comme adhésif (Tara, 2005).

I-1-4-3- Industrie textile

L'amidon joue un rôle important dans l'industrie textile. En effet, il forme une couche protectrice entourant les fils afin d'éviter leur désagrégation au cours du tissage ; il est utilisé pour la finition des vêtements afin de les rendre plus fermes, plus rigides et plus lourds ; il permet l'impression du tissu ou la création de certaines couleurs sur la surface du textile (Angellier, 2005).

I-1-4-3- Industrie pharmaceutique

Dans l'industrie pharmaceutique, l'amidon peut servir en tant que antiacide, antispasmodique (propriétés antiscorbutiques), cataplasme pour diminuer les ecchymoses et les coups de soleil, cicatrisant, diurétique, traitement contre l'arthrite (en raison de sa haute teneur en vitamine C et en potassium), préventives contre les attaques coronariennes (teneur importante de vitamine C, propriétés anticholestérolémiantes), excipient dans la composition d'un médicament de par son faible apport énergétique et de sa non toxicité. Il est également utilisé dans le capsulage des gélules et dans l'obtention de cachets (Tara, 2005).

I-1-5- Quelques techniques de reconnaissance de l'origine botanique

I-1-5-1- Microscopie

Parmi les techniques en vogue pour l'investigation des échantillons biologiques, la microscopie est un outil privilégié pour la visualisation des phénomènes suffisamment minuscules en général et en particulier la distinction entre les amidons provenant des différentes origines botaniques (Pérez & *al.*, 2009). D'après Aigouy & *al.* (2006), on distingue grosso modo deux types de microscopes (dont il détaille le principe de fonctionnement pour chaque variante): les microscopes optiques (usuels pour des phénomènes allant jusqu'à l'ordre du micron) et les microscopes électroniques (spécialisés pour des phénomènes davantage plus petits jusqu'à l'échelle nanométrique).

I-1-5-1-1- Microscopie optique

La microscopie optique est la microscopie la plus couramment utilisée pour observer des structures (dénombrement, forme, localisation) à l'échelle du micromètre. Dans le but d'améliorer la perception des échantillons, différentes modalités ont été conçues pour observer les échantillons par la lumière transmise, par fluorescence, par contraste de phase, par changement de polarité de la lumière, etc (Aigouy & *al.*, 2006). Les examens de microscopie optique des d'amidons visent l'obtention des informations d'ensemble sur la morphologie cristalline (taille, la forme), la couleur des granules.

En lumière polarisée, les granules d'amidon naturel ont des formes et des tailles très différentes (2 - 100μm) et se comportent comme des cristaux spiralés, déformés, à biréfringence positive et présentent une « croix noire » encore appelée croix de Malte dont les branches se rejoignent au niveau du hile (centre initial de croissance du grain d'amidon) (Tara, 2005).

I-1-5-1-2- Microscopie électronique

Avec son très fort pouvoir de grossissement, la microscopie électronique permet des explorations pouvant aller jusqu'à l'échelle nanométrique et donc beaucoup plus riches en informations. Malheureusement le microscope électronique est très peu accessible car son prix est élevé et en plus il est difficile à manipuler.

I-1-5-1-2-1- Microscopie électronique à balayage (MEB)

La surface des grains d'amidon natif apparaît lisse et dépourvue de pores ou fissures.

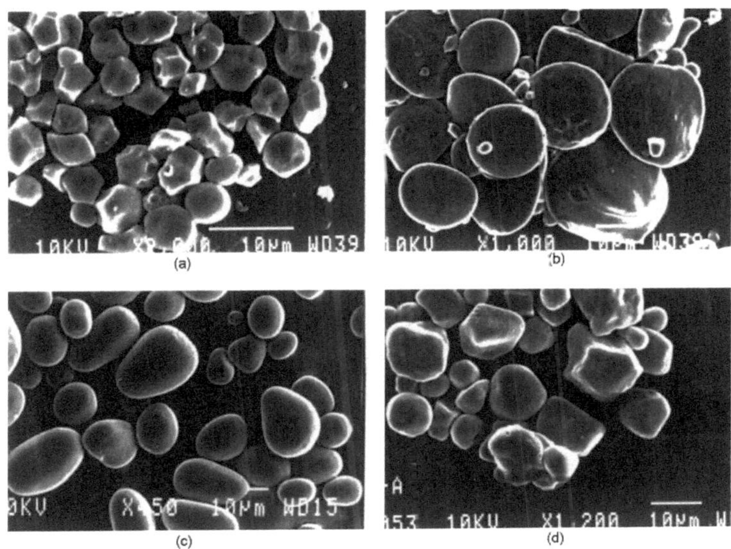

Figure 1 : Microscopies électroniques d'amidons de différentes sources : (a) riz, (b) blé, (c) pomme de terre et (d) maïs (Singh & al., 2003).

I-1-5-1-2-2- Microscopie électronique transmission (MET)

Cette méthode permet d'établir un lien entre les méthodes précédentes d'analyse morphologique et celles qui permettent une analyse au niveau moléculaire (rayons X, analyses chimiques.). Singh & *al.* (2003) recourt entre autres à la microscopie électronique en transmission (MET) pour effectuer une étude comparative de quelques propriétés morphologiques d'amidons de différentes origines botaniques.

I-1-5-1-3- Microscopie à force atomique (AFM)

Les études par microscopie à force atomique (AFM) proposent un modèle où les lamelles sont organisées en blocs sphériques (« blocklets ») ayant un diamètre variant entre 20 et 500 nm selon l'origine botanique et leur localisation dans le grain d'amidon (Pérez & *al.*, 2009). Des analyses d'AFM sur la structure interne des grains d'amidon de pois ont suggéré que les blocklets sont distribués uniformément et que les zones amorphes de croissance résultent de défauts localisés dans la croissance des grains.

I-1-5-2- Granulométrie laser

Reposant sur la diffusion statique de la lumière, la granulométrie laser permet de déterminer la distribution de taille de particules en suspension (Angellier, 2005). En effet, d'après la théorie de Fraunhofer, une telle diffusion est observée lorsque le diamètre des particules est cinq fois supérieur à la longueur d'onde du faisceau incident. La quantité de lumière diffusée et l'importance de l'angle de déviation dépendent de la taille des particules : les grosses particules dévient des quantités importantes de lumière aux petits angles, alors que les petites particules dévient les quantités infimes de lumière aux grands angles (Aboubakar, 2009). L'angle de diffusion θ est relié aux diamètres des particules d par les équations proposées par la « Mie-theory » de Lorentz tandis que l'intensité des photons détectés aux différentes tranches d'angle de diffusion permet de déduire le nombre de particules correspondant à chaque classe de taille (Angellier, 2005 ; Malumba, 2008). Aboubakar (2009) recourt à la granulométrie laser et précisément un granulomètre de type Mastersizer modèle S (instruments de Malvern, Orsay) pour déterminer la distribution de taille de la fécule de taro (Colocasia Esculenta). Cependant la granulométrie laser considère dans ses calculs que la particule est sphérique. Lorsque la particule n'est pas parfaitement sphérique, et c'est le cas pour la plupart des grains d'amidon, la granulométrie laser mesure un diamètre équivalent, c'est-à-dire le diamètre de la sphère ayant le même volume que la particule. La granulométrie laser peut ne pas être précise pour les certains granules d'amidon, par exemple ceux de pommes de terre qui sont légèrement oblongs, irréguliers ou cuboïdes (singh & *al.*, 2003).

I-1-5-3- Diffraction des rayons X

La diffractométrie des rayons X permet d'étudier la structure cristalline d'un matériau. Dans un cristal, les atomes (ou chaînes macromoléculaires dans le cas des polymères) sont rangés périodiquement et forment des familles de plans parallèles appelés plans réticulaires et caractérisés par la distance réticulaire entre plans d'une même famille (Angellier, 2005). La mesure de diffraction des rayons X par les composés cristallins repose sur la théorie de Bragg, qui établit que les plans réticulaires d'un cristal réfléchissent un faisceau de rayons X, pour autant que celui-ci forme avec les plans un angle Thêta (θ) tel que :

$$n\lambda = 2dSin\theta \qquad (I.1)$$

où λ désigne la longueur d'onde, n le nombre d'onde et d est la distance entre les plans réticulaires (Malumba, 2008).

L'analyse par diffraction des rayons X (DRX) montre que l'amidon est un polymère semi-cristallin dont les granules natifs peuvent être classés en trois types de morphologie selon leur diagramme de diffraction:

- Morphologie A : caractéristique des amidons de céréales ;
- Morphologie B : caractéristique des amidons de tubercules, de céréales riches en amylose (> 40 %) et des amidons rétrogradés ;
- Morphologie C : intermédiaire entre les deux autres et caractéristique des amidons de légumineuses et de racines (Tara, 2005, Pérez & *al.*, 2009).

Bien que cette approche soit très largement répandue notamment en vue de l'analyse de l'ultrastructure cristalline de l'amidon (Pérez & *al.*, 2009), elle présente une lacune non négligeable : l'allure du spectre de diffraction des rayons X de l'amidon dépend de la teneur en eau des grains au cours de la mesure. En effet, plus l'amidon est hydraté, plus les raies du spectre s'affinent jusqu'à une certaine limite. L'eau fait donc partie intégrante de l'organisation cristalline de l'amidon. La détermination de la cristallinité de l'amidon (qui varie de 15% à 45% selon l'origine botanique de l'amidon) est très délicate étant donné l'effet de la teneur en eau et l'absence d'étalon 100% cristallin (Angellier, 2005).

I-1-5-4- Teneur en amylose et analyse thermique différentielle

D'un point de vue moléculaire, bien que les compositions chimiques des granules d'amidons soient identiques (deux même polysaccharides de bases, soient l'amylose et l'amylopectine), la différence des espèces réside dans le poids moléculaire et le ratio de ces deux polysaccharides (la teneur en amylose) qui varie pour origines botaniques similaires, différentes origines botaniques et peut-être affectée par les conditions climatiques, le type de sol durant la croissance, ainsi que les différentes procédures d'isolation d'amidon et méthodes analytiques utilisées pour la déterminer (Singh & *al.*, 2003 ; Jane, 2009).

La teneur en amylose peut être analysée en utilisant l'analyse thermique différentielle (ATD) ou Calorimétrie Différentielle à Balayage (ou DSC : « Differential Scanning Calorimetry » en anglais) qui permet de déterminer les variations d'énergie liées à un changement d'état (Singh *& al.*, 2003). L'analyse calorimétrique différentielle est une méthode thermo-analytique permettant de mesurer, en fonction de la température et/ou du temps, des changements de flux de chaleur émis ou absorbé par un corps. Elle permet de mettre en évidence des phénomènes liés aux modifications des propriétés thermiques des matériaux tels que la fusion, la cristallisation, les transitions polymorphiques se traduisant par l'apparition des pics endo ou exothermiques sur des thermogrammes et les chaleurs spécifiques des corps déduites des variations de températures des matériaux en fonction des flux de chaleur mis en œuvre (Tara, 2005 ; Malumba, 2008).

Singh *& al.* (2003) rapporte l'usage répandu de la DSC pour la détermination de la teneur en amylose et l'étude des phénomènes de gélatinisation et de rétrogradation en fonction de l'origine botanique des amidons de maïs, riz, blé et pomme de terre. Malumba (2008) étudie la teneur en amylose et les phénomènes de gélatinisation et de rétrogradation (qui dépendent de l'origine botanique) des amidons de maïs au cours son séchage à différentes températures. Aboubakar (2009) recourt la DSC pour déterminer la teneur en amylose des amidons de taro (*Colocasia esculenta*) en utilisant l'équation :

$$Amylose\ (\%) = 100 \times \frac{A \times \Delta H_1}{\Delta H_2 \times S} \qquad (I.2)$$

où A et S sont respectivement les poids de l'amylose et de l'échantillon standard utilisés dans l'expérience, ΔH_1 et ΔH_2 leur changement respectif d'enthalpie.

La teneur en amylose des amidons peut également être déterminée par des méthodes colorimétriques (Singh *& al.*, 2003 ; Jane, 2009).

I-2 L'ANALYSE D'IMAGES

La vision, le plus évolué de nos sens, nous permet de percevoir et d'interpréter le monde qui nous entoure (Gonzalez & Woods, 2008). L'espace qui nous entoure a une structure tridimensionnelle (3D). Lorsque l'on demande à une personne de décrire ce qu'elle *voit,* elle n'éprouve aucune difficulté à nommer les objets qui l'entourent :

téléphone, table, livre ... Et pourtant l'information qui est réellement disponible sur la rétine de ses yeux n'est, ni plus ni moins, une collection de points (environ un millions !). En chaque point ou *pixel* (picture element) il y a tout simplement une information qui donne une indication quant à la quantité de lumière et la couleur qui proviennent de l'espace environnant et qui ont été projetées à cet endroit de la rétine (Tremeau & *al.*, 2004). Le téléphone, la table ou le livre *n'existent pas* sur la rétine. Guidé à la fois par l'information codée dans l'image (ou la rétine) et par ses propres connaissances, le processus visuel *construit* des percepts. Le téléphone, la table ou le livre sont des réponses finales, résultant d'un processus *d'interprétation* qui fait partie intégrante du système de vision. De plus, il n'y a pas de correspondance terme à terme entre l'information sensorielle (la lumière et la couleur) et la réponse finale (des objets 3D) (Trémeau & *al.*, 2004). Le système de vision doit *fournir* les connaissances nécessaires afin de permettre une interprétation non ambiguë. La vision artificielle ou vision par ordinateur ou vision industrielle est une nouvelle technologie qui a pour but de reproduire certaines fonctionnalités de la vision humaine au travers de l'analyse d'images en vue d'identifier des objets et d'extraire l'information quantitative à partir des images numériques afin de fournir une évaluation de qualité objective, répétitive, rapide, sans contact, et non destructive (Sun, 2008).

I-2-1 Quelques définitions

La compréhension de l'analyse d'images commence par la compréhension de ce qu'est une image numérique.

I-2-1-1 L'image numérique

Une image, signal bidimensionnel (2D) ou tridimensionnel (3D), est la représentation d'un objet accessible ou non à l'observation visuelle, et obtenue à un instant et à un grossissement donnés (Souchier, 2005).

Une image analogique est par exemple celle formée sur la rétine de l'œil ou l'image obtenue par la photographie argentique classique.

Or, afin de pouvoir réaliser des traitements informatiques sur une image, celle-ci doit être absolument numérique ou numérisée. Et la numérisation d'une image consiste à convertir les valeurs continues du signal de cette dernière *i* (son état analogique) en des valeurs discontinues *I* qui correspond à une structure de données informatiques (Tremeau & *al.,* 2004). Par exemple, pour un objet plan, carré, de 3x3 cm de côté, nous considérons sa décomposition en 9 petits carrées élémentaires de 1 cm^2 , appelés pixels. Pour chacun de ces derniers une valeur entière n est déterminée. Les 9 valeurs de I obtenues sont disposées en une structure finie appelée matrice, repérée par leur position à l'intersection d'une ligne et d'une colonne formant une image. Ainsi, une image numérique, signal numérique composé d'unités élémentaires (appelées pixels) qui représentent chacun une portion de l'image, est définie par :

- le nombre de pixels qui la composent en largeur et en hauteur (qui peut varier presque à l' infini),
- la valeur que peut prendre chaque pixel (on parle de dynamique de l'image). Elle est représentée par un scalaire dans le cas d'images en niveau de gris et par un vecteur à trois composantes (par exemple Rouge, Vert et Bleu) dans le cas d'images couleur RGB. Ces valeurs sont incluses dans ℕ (Gonzalez & Woods, 2008).

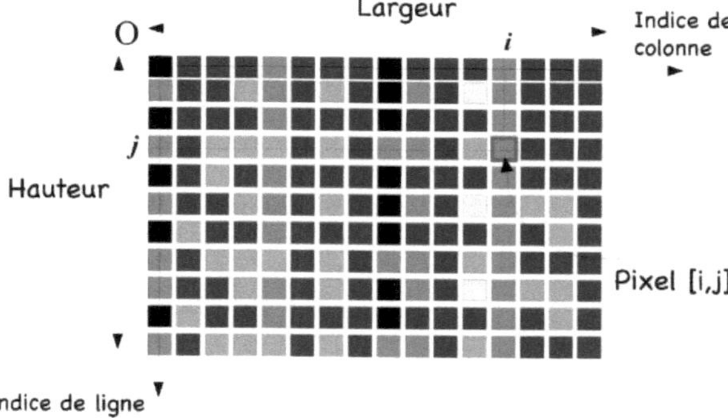

Figure 2 : Pixels et niveaux de gris

Cette représentation est certes approchée mais parfaitement adaptée aux possibilités de traitement mathématique qu'apportent les ordinateurs.

I-2-1-2 Le traitement d'images

Le traitement d'images désigne les opérations effectuées pour transformer une image numérique en une nouvelle image, ou même combiner plusieurs images entre elles. Il permet de compresser l'information en vue d'un transfert informatique rapide par les réseaux informatiques, de restaurer une image, d'améliorer la visualisation de certains détails, de combiner des images de sources différentes ou de donner une vue tridimensionnelle d'une structure (Souchier, 2005). Il est souvent une étape préliminaire à l'extraction de caractéristiques.

I-2-1-3 L'analyse d'images

L'analyse d'images est une discipline qui consiste à extraire de façon quantitative l'information contenue dans une image, et à donner une description objective, finalisée et précise de l'image, ou de certains éléments (Souchier, 2005). Autrement dit, l'analyse d'images consiste à convertir une image en données objets ou, plus explicitement, à identifier les objets contenus dans l'image par l'extraction et l'analyse de caractéristiques abstraites (appelés attributs) à partir des pixels, suivant un processus de reconnaissance de forme similaire à celui opéré par l'humain (Sun, 2008). Développée principalement à partir du domaine de la microscopie optique quantitative et de la robotique, l'analyse d'images part d'une image et conduit à une évaluation de mesures (évaluation quantitative) ou à une reconnaissance de formes et se pose chaque fois que l'on veut préciser une observation visuelle ou la remplacer par une analyse automatique (Souchier, 2005).

I-2-2 L'analyse d'images : une chaîne de traitement de l'information

Bien qu'il n'existe pas de méthode d'analyse d'images générale à tous les domaines d'application possibles, l'analyse d'images une chaîne de traitement de l'information impliquant une série d'étapes qui peuvent être grosso modo divisées en trois niveaux : traitement de bas niveau, traitement de niveau intermédiaire et traitement de niveau élevé (Sun, 2000 ; Brosnan & Sun, 2004 ; Gonzalez & Woods, 2008 ; Narendra & Hareesh, 2010).

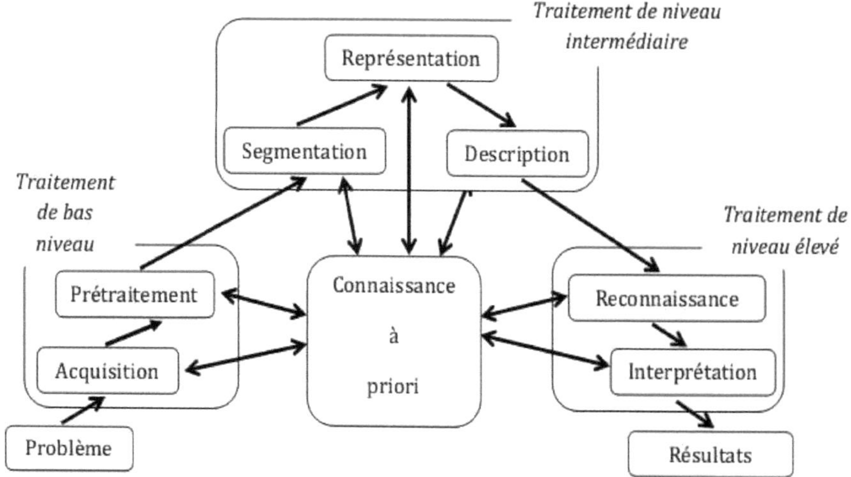

Figure 3 : L'analyse d'images est une chaîne de traitement de l'information (Sun, 2000 ; Brosnan & Sun, 2004 ; Narendra & Hareesh, 2010).

I-2-2-1 Les traitements de niveau bas

Ils incluent l'acquisition et le prétraitement d'images.

L'acquisition d'images, capture d'une image en forme numérique, est évidemment la première étape dans n'importe quel système d'analyse d'images. Loin de se restreindre au spectre visible, l'acquisition d'images parcourt l'ensemble du spectre électromagnétique, des rayons gamma jusqu'aux ondes radio, et va même au-delà de la lumière à travers la tomographie (par exemple par émission de positrons), l'imagerie par résonance magnétique nucléaire (IRM), les ultrasons, etc (Du & Sun, 2004 ; Abdullah, 2008 ; Gonzalez & Woods, 2008).

Quant au prétraitement, il prépare l'image pour son analyse ultérieure. Il s'agit souvent d'obtenir l'image théorique que l'on aurait dû acquérir en l'absence de toute dégradation. Ainsi, il peut par exemple corriger les défauts radiométriques du capteur (non linéarité des détecteurs, diffraction de l'optique, etc.) ; les défauts géométriques de l'image dûs au mode d'échantillonnage spatial, à l'oblicité de la direction de visée, au déplacement de la cible, etc. ; le filtrage ou réduction de fréquences parasites, par exemple dûs à des vibrations du capteur ; les dégradations de l'image dues à la présence de matière entre le capteur et le milieu observé (source) ou également améliorer la visualisation de l'image en éliminant / réduisant le bruit de l'image et/ou en mettant en évidence certains éléments (frontières, etc.) de l'image à travers l'amélioration de contraste ; le filtrage linéaire (lissage, mise en évidence des frontières avec l'opérateur "Image - Image lissée", etc.) et la transformée de Fourier pour faire apparaître / disparaître certaines fréquences dans l'image ; le filtrage non linéaire (filtres médians, etc.) pour éliminer le bruit sans trop affecter les frontières (Brosnan & Sun, 2004 ; Gonzalez & Woods, 2008).

I-2-2-2 Les traitements de niveau intermédiaire

Ils impliquent la segmentation, la représentation et la description d'images.

Soit *X* le domaine de l'image et *f* la fonction qui associe à chaque pixel une valeur *f(x, y)*. Si nous définissons un prédicat *P* sur l'ensemble des parties de *X*, la segmentation est définie comme une partition de *X* en *n* sous-ensembles $\{R_1, \dots, R_n\}$ tels que (Tremeau & *al.*, 2004) :

$$X = \cup_{i=1}^{n} R_i \qquad \text{(I.3)}$$

$\forall i \in \{1, \dots, n\}\ R_i\ est\ connexe$

$\forall i \in \{1, \dots, n\}\ P(R_i) = vrai$

$\forall j \in \{1, \dots, n\}^2\ R_i\ est\ adjacent\ à\ R_j\ et\ \ i \neq j \Rightarrow P(R_i \cup R_j) = faux$

Historiquement, la segmentation a été inspirée du système de perception visuel humain qui utilise les notions de similitudes (intensités, couleurs, textures, etc.) et de discontinuités (les arêtes, les changements abruptes, etc.) afin de localiser et délimiter les objets d'une scène (Zheng & Sun, 2008). Elle consiste à faciliter l'interprétation automatique d'une image de façon similaire à une interprétation humaine. Son but est d'extraire les entités d'une image pour y appliquer un traitement spécifique et interpréter le contenu de l'image (Gonzalez & Woods, 2008). Elle est donc le découpage d'une image en différentes régions et/ou frontières. Il existe une dualité entre régions et frontières : une région est délimitée par un contour, un contour sépare deux régions. À partir d'un résultat de segmentation en régions, nous pouvons obtenir un résultat de détection de frontière et inversement.

La segmentation est un vaste sujet d'étude et fait partie des grands thèmes de l'imagerie numérique. A ce titre, de nombreuses publications font état de segmentations. Comment préférer l'une ou l'autre est un débat ouvert qui fait rage dans bien des laboratoires. En effet, pour valider correctement une segmentation d'objets naturels, il faut disposer de la vérité terrain; ce qui est bien difficile dans le cas de la segmentation, car comment définir de façon précise où commencent et où s'arrêtent les objets sur une image (Gonzalez & Woods, 2008)? Il n'y a donc pas une mais des segmentations possibles sur une même image et elles sont bien souvent subjectives. De même, selon ce que nous voulons segmenter, certaines techniques seront plus à même d'y parvenir.

L'image segmentée est représentée soit par une frontière soit par une région. Et la représentation par frontière est convenable pour la caractérisation de la taille et la forme de l'image tandis que la représentation par région est appropriée pour l'évaluation de la couleur et la texture (Sun, 2008).

Une fois que l'image est segmentée en des objets d'intérêt discrets, l'étape suivante vise à extraire des informations de l'image. Par extraction d'informations on entend : fournir une description d'un objet à partir de sa modélisation dans l'image (Gonzalez & Woods, 2008). En effet, idéalement, un objet extrait lors de la segmentation est décrit simplement par une région: un ensemble de pixels connexes auxquels sont affectés une étiquette particulière et unique. La caractérisation consiste alors à associer à cet ensemble de pixels une description de l'objet par le biais de mesures quantitatives. A l'issue de la caractérisation on dispose, pour chaque objet, d'une description unique constituée d'un certain nombre d'attributs. Quatre types de descripteurs sont principalement utilisés pour décrire un objet : la couleur, la taille, la forme et la texture (Lezoray, 2000 ; Zheng & *al.*, 2006 ; Russ, 2007). Généralement, les attributs qui sont les plus simples à mesurer et qui contribuent sensiblement à la classification sont les meilleurs à employer.

II-2-2-3 Les traitements de niveau élevé

Ils s'occupent de l'identification et l'interprétation : c'est la classification. La classification est l'un des pans essentielles l'analyse d'images, car son but est finalement de remplacer le processus décisionnel visuel humain par des procédures automatiques (Gonzalez & Woods, 2008). Soutenue par des systèmes de classification puissants, l'analyse d'images fournit un mécanisme dans lequel le processus de pensée humain est simulé artificiellement, et peut aider les humains dans la prise de jugements compliqués de façon exacte, rapide, et très uniforme sur une longue période (Du & Sun, 2008). Dans ce dessein, la classification identifie des objets en les classifiant dans un des ensembles finis de classes, ce qui implique de comparer les attributs mesurés d'un nouvel objet à ceux d'un objet connu ou d'autres critères connus et de déterminer si le nouvel objet appartient à une catégorie particulière des objets (Du & Sun, 2004). En effet, les attributs, données objectives employées pour représenter et décrire des objets dans l'image, servent à former l'ensemble d'apprentissage. Une fois que l'ensemble d'apprentissage a été obtenu, l'algorithme de classification extrait de la base de connaissance le nécessaire pour prendre des décisions sur des cas inconnus. S'appuyant sur la connaissance à priori, des décisions intelligentes sont prises comme sorties et en même temps qu'une rétroaction avec la base de connaissances, ce qui généralise la méthode que les humains emploient pour accomplir leurs tâches (Du & Sun, 2008). La figure ... montre la configuration générale d'un système de classification utilisé en analyse d'images. Une grande variété d'approches ont été développées pour accomplir cette tâche entre autres: l'approche statistique, la logique floue, l'arbre à décision, les réseaux de neurones artificiels et récemment les machines à support de vecteur (Brosnan & Sun, 2004 ; Du & Sun, 2008).

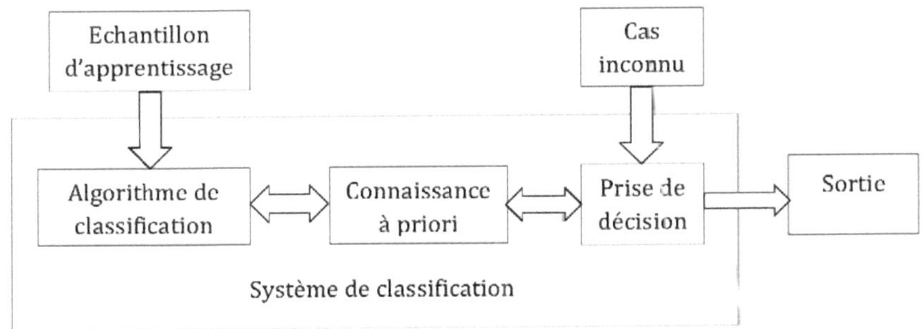

Figure 4 : Configuration générale d'un système de classification (Du & Sun, 2008).

I-2-3 Avantages et inconvénients de l'analyse d'images

Brosnan & Sun (2004) exhibent quelques avantages et inconvénients de l'analyse d'images :

Tableau 2 : Quelques avantages et inconvénients de l'analyse d'images (Brosnan & Sun, 2004).

AVANTAGES	INCONVENIENTS
- Génération de données descriptives précises - Rapidité et objectivité - Réduction de l'implication humaine ennuyeuse (travaux répétitifs et fastidieux) - Consistance, efficience et rentabilité - Non destructive	- Identification d'objets considérablement plus difficile pour des scènes non structurées - Eclairage artificiel nécessaire pour des conditions sombres ou obscures

I-2-4 applications industrielles de l'analyse d'images

Nous énumérons ici quelques domaines applications industrielles de l'analyse d'images.

I-2-4-1. La vision industrielle

Son objectif fondamental est d'éviter le contrôle visuel par un opérateur dans tâches répétitives peu valorisantes à travers par exemple le *contrôle dimensionnel* (le système d'analyse d'images détermine la dimension, la forme, position de l'objet qu'il observe) ; le *contrôle d'aspect* (le système d'analyse détermine la couleur, la texture des objets observés) ; le *contrôle qualité* (à partir de données précédentes, le système d'analyse d'images détermine la qualité d'un produit) (Gonzalez & Woods, 2008).

I-2-4-2. L'imagerie médicale

Elle a essentiellement pour objectif d'aider le médecin lors du diagnostic, le chirurgien lors de la réalisation d'un geste opératoire à travers par exemple *l'amélioration des images* (rehaussement de contraste, élimination de bruit, mise en évidence de détails) ; *la détection et la localisation* (positionnement des organes, localisation des tumeurs, mesures de dimensions et de volumes) ; *l'imagerie interventionnelle* (assistance au praticien) (Lezoray, 2000). Suivant le mode d'acquisition d'images, on parle très souvent de radiographie (RX), scanner (tomographie), échographie (ultrasons), imagerie par résonance magnétique nucléaire en abrégé IRM (spin) (Gonzalez & Woods, 2008).

I-2-4-3. L'indexation, la fouille d'images

L'enjeu ici est de définir des descripteurs d'images, en vue de fouiller dans une base d'images pour retrouver des images similaires (Gonzalez & Woods, 2008).

I-2-4-4. La compression d'images

Elle vise à diminuer l'occupation mémoire nécessaire au stockage ou à la transmission d'une image : *codage sans perte* (seul le format des données est modifié, pas le contenu) et *codage avec perte* (le contenu de l'image « données numériques » est modifié, mais l'aspect visuel et conservé) (Gonzalez & Woods, 2008).

I-2-4-5. Extension de la perception visuelle

Elle a pour but de voir ce que l'être humain ne peut pas directement voir du fait de la limitation de son système visuel : *autres propriétés optiques* (problème d'échelle, de résolution, de point de vue, exemple des images satellitaires en télédétection) ; *autres gammes de longueur d'onde* (caméras multispectrales, infrarouge proche, infrarouge thermique ou lointain) ; *autres cadences* (caméras à haute cadence, plusieurs milliers d'images par secondes) (Gonzalez & Woods, 2008).

I-2-4-6 L'industrie agroalimentaire

Bitjoka & *al.* (2010) démontre la capacité du traitement d'images des haricots d'évaluer le changement de couleur du haricot en relation avec le phénomène de « hard-to-cook » en termes d'attributs d'images de couleur par utilisation des histogrammes de luminance et des différentes composantes couleurs RGB. Tandis que Ngatchou & *al.* (2012), après segmentation par logique floue réétudie le phénomène de « hard-to-cook » par caractérisation de la texture des images de grains de haricots par la transformée en ondelettes.

Djaowé & *al.* (2013) étudie la période de coagulation de la pressure de lait par analyse de séquences d'images (2D+t). Il décompose chaque image couleur (RVB) en chacune de ses composantes sur lesquelles il extrait les d'histogramme de luminance. Il vérifie que pendant la coagulation du lait, les pics de ces histogrammes et le temps de coagulation de la présure sont liés par une relation sigmoïdale.

Tong & *al.* (2007) examine la faisabilité de l'extraction de paramètres et de mesure de similarité pour l'identification de grains d'amidons à partir de micrographies. Il estime à l'issue de son étude que l'approche qu'il utilise, la distribution de tailles, est efficace (à 90%) pour identifier les grains d'amidon dans des images microscopiques. Toutefois, il suppose dans son étude que tous les granules d'amidons sont de forme sphérique. Ainsi donc cette distribution de tailles juste une approximation de la distribution de forme circulaire. Tandis que Tong & *al.* (2008) s'intéresse à la caractérisation de grains d'amidons dans des images de microscopiques. Pour ce faire, il examine la distribution de cordes dans des images binaires. L'idée fondamentale de la distribution de cordes étant de calculer les longueurs de toutes les cordes dans la forme (toute par paires des distances entre les points de frontière) et d'établir un histogramme de leurs longueurs et orientations.

Du & Sun (2004), Zheng & *al.* (2006), Sun (2008), Narendra & Hareesh (2010) font largement étalage de nombreux d'analyse travaux d'analyse d'images appliqués à l'agroalimentaire qui, par ailleurs, est classé comme dixième utilisateur mondial de cette technologie.

CHAPITRE II : MATERIEL ET METHODES

Dans ce chapitre, nous présentons le matériel et les méthodes utilisés lors de notre travail. Il est structuré en deux sections dont la première est dédiée au matériel et la seconde aux méthodes.

II-1. MATERIEL

Le matériel de notre travail est constitué de nos échantillons d'amidons, quelques-uns de leurs paramètres physico-chimiques, le matériel d'acquisition d'images et le logiciel d'analyse d'images.

II-1-1. Echantillonnage

Les amidons utilisés lors de notre étude nous ont été fournis par le Laboratoire de Biophysique et de Biochimie Alimentaire et de Nutrition (LBBAN) de l'Ecole Nationale Supérieure des Sciences Agro-Industrielles (ENSAI) de l'Université de Ngaoundéré. Nous nous sommes intéressés à neuf (09) variétés d'amidons de: Ibo coco (IC), Lamba (L), Macabo blanc (MB), Macabo rouge (MR), Manioc amer (MA), Patate douce (PD), Pomme de terre (PT), Tacca leontopetaloïde (TL), Taro géant (TG), tous étant à l'état de poudre.

II-1-2. Paramètres physico-chimiques

Des paramètres physico-chimiques des amidons utilisés lors de notre étude nous ont été fournis par le Laboratoire de Biophysique et de Biochimie Alimentaire et de Nutrition (LBBAN) de l'Ecole Nationale Supérieure des Sciences Agro-Industrielles (ENSAI) de l'Université de Ngaoundéré. Il s'agit de la teneur en amylose $\%Am$, du pouvoir de gonflement (Water Bending Content en anglais) $WBC(\%)$, de la médiane de la distribution de tailles $D_V50(\mu m)$, du taux de cristallinité $\%C$, de la température de pic de gélatinisation $T_p(°C)$, de l'enthalpie de gélatinisation $\Delta H_{gél}(J/Kg)$, du taux de recristallisation $\%R$.

II-1-3. Matériel d'acquisition et d'analyse d'images

Les images sont acquises à l'aide d'un microscope USB (Universal Serial Bus) numérique connecté à un ordinateur dans la mémoire duquel elles peuvent être stockées afin d'être traitées et analysées.

II-1-3-1. Microscope USB numérique

Pour l'acquisition de nos images, nous avons eu recours à un microscope USB numérique illustré à la figure 5 et dont voici la description :

- Marque : BRESSER, monoculaire, incliné à 45° et Rotatif à 360° ;
- Construit en Allemagne ;
- Oculaire électronique avec câble USB ;
- Deux oculaires grand angle: WF10x / WF16x ;
- Rapport optique : 40-1024x (le rapport optique ne dépassant pas 40);
- Lentille de grandissement 0-40x ;
- Tourelle revolver avec 3 objectifs : 4x / 10 x / 40 x;
- Eclairage LED non réglable;
- Résolution du dispositif d'acquisition: 320x240 – 1280x1024;

I-1-3-2. Accessoires pour microscopie

Comme accessoires pour microscopie, lors de notre étude, nous avons utilisé des lames, lamelles, micropipettes, béchers, microspatules, de l'eau distillée et du lugol (solution obtenue par ajout de 1g d'iode et 2g d'iodure de potassium dans 100ml d'eau distillée qui a la propriété de colorer en bleu les granules d'amidons, rendant ainsi leurs contours beaucoup plus net à distinguer).

Figure 5: Microscope USB numérique utilisé lors de notre étude

I-1-3-3. Matériel informatique

Sur le plan matériel, l'acquisition, le traitement et l'analyse des images ont été réalisés à l'aide d'un ordinateur CPU Tour DELL® doté de l'environnement Windows XP service pack 3 et dont les caractéristiques sont les suivantes :

- mémoire vive de 1 Go ;
- disque dur de 80 Go ;
- processeur de 3.0 GHz.

Sur le plan logiciel, le traitement et l'analyse des images ont été implémentés sur MATLAB®. La version de ce logiciel d'application utilisée lors de notre travail est la 7.11.0.584 (R2010b), licence numéro 161051. L'analyse des données quant à elle a été réalisée grâce aux logiciels d'application Statgraphics 5.0 pour l'analyse de la variance à un facteur suivie du test des comparaisons multiples et XLSTAT 2007 pour l'analyse en composante principales.

II-2. METHODES

II-2-1. L'analyse d'images

L'analyse d'images est réalisée selon le schéma méthodologique de la figure 6.

II-2-1-1. Acquisition d'images

A la température ambiante, l'amidon, à l'état de poudre, est mélangé à de l'eau distillée. A cette solution on ajoute du lugol. Le mélange obtenu est observé entre lame et lamelle à l'aide d'un microscope optique USB numérique à son grossissement maximal x40. L'image observée est alors stockée dans la mémoire d'un ordinateur en vue d'être traitée et analysée. Nous avons travaillé à la résolution maximale du microscope : 1280x1024 pixels. Les images acquises sont des images couleur dans le système RGB.

II-2-1-2. Prétraitement

Les images sont préalablement stockées dans le répertoire courant de MATLAB. L'une d'elles est arbitrairement choisie et lue. L'image lue, qui est une image couleur RGB, est tout d'abord transformée en une image en niveaux de gris. Cette transformation, qui n'altère en rien les informations géométriques contenues dans l'image, a l'avantage de nous fournir une image sur laquelle on peut appliquer des transformations comme s'il s'agissait d'une matrice (Trémeau & *al.*, 2004). Ensuite, le milieu observé étant colloïdal, nous effectuons un filtrage médian. Ce filtrage, qui élimine les défauts dû au déplacement d'objets dans l'image pendant l'acquisition, a, par rapport à la plupart des autres techniques de filtrage, l'avantageuse propriété de préserver les frontières (Trémeau & *al.*, 2004). Enfin nous effectuons un rehaussement de contraste sur l'image pour rendre manifestes les trais cachés dans l'image, accentuer la différence entre les objets dans l'image et le fond de l'image.

II-2-1-3. Segmentation

D'abord l'image précédente est transformée en image binaire par seuillage adaptatif. Ensuite cette image binaire est complémentée afin de pouvoir utiliser les opérations de morphologie mathématique à l'étape suivante. Il s'agit de :

- élimination des objets accolés aux frontières;
- ouverture pour l'élimination des petites tâches ;
- fermeture pour le remplissage des trous.

Enfin des objets d'intérêt sont sélectionnés et leurs contours sont extraits, ouvrant ainsi la voie à l'extraction des attributs.

II-2-1-4. Extraction des attributs

Dans les étapes précédentes, nous avons isolé les objets d'intérêt dans l'image. Maintenant nous procédons à la génération des attributs d'image : attributs de taille et attributs de forme. Dans un système de vision par ordinateur, lorsque l'on se trouve confronté à un problème de caractérisation d'objets, après avoir effectué leur segmentation, l'étape suivante vise à extraire des informations de l'image. Par extraction d'informations on entend : fournir une description d'un objet à partir de sa modélisation dans l'image (Lezoray, 2000). Idéalement, un objet extrait lors de la segmentation est décrit simplement par une région : un ensemble de pixels connexes auxquels sont affectés une étiquette particulière et unique. La caractérisation consiste à associer à cet ensemble de pixels une description de l'objet par le biais de mesures quantitatives. A l'issue de la caractérisation on dispose, pour chaque objet, d'une description unique constituée d'un certain nombre d'attributs qui constituent les éléments du vecteur descripteur de l'image (Gonzalez & Woods, 2008). Les attributs sont classés en quatre familles principales : la couleur, la taille, la forme et la texture (Du & Sun, 2004 ; Zheng & *al.*, 2006 ; Zheng & Sun, 2008 ; Narendra & Hareesh, 2010). Les notations suivantes sont utilisées pour l'énumération des différents attributs utilisés lors de notre étude: I_{or} désigne l'image originale, I_s l'image des régions segmentées, o le label de la région à caractériser, $p(x,y)$ un point de l'image, $I_s(p)$ la valeur du pixel p dans l'image I_s, $VoisB(p)$ l'ensemble des pixels voisins de p dans le voisinage B.

II-2-1-4-1. Attributs de taille

Les attributs de taille sont les plus couramment utilisés. Ceci se comprend aisément étant donné qu'une distinction visuelle rapide peut permettre à n'importe quel observateur de décrire un objet par des termes tels que « grand » ou « petit » (à une échelle donnée). On définit ainsi l'aire, le diamètre équivalent et le périmètre d'un objet o (Lezoray, 2000 ; Zheng & *al.*, 2006 ; Zheng & Sun, 2008 ; Semnani & *al.*, 2009) :

$$Aire(o) = card\{p \epsilon I_s \ / \ I_s(p) = 0\} \qquad \text{(II.1)}$$

$$Diamètre\ circulaire\ équivalent\ (o) = \sqrt{\frac{4}{\pi} Aire(o)} \qquad \text{(II.2)}$$

$$Périmètre(o) = card\{p \epsilon I_s,\ I_s(p) = 0 / \ \exists m \in Vois^B(p)\ et\ I_s(m) \neq 0\} \qquad \text{(II.3)}$$

II-2-1-4-2. Attributs de forme

La forme désigne l'aspect général d'un objet, son contour. Les attributs de forme sont donc également très importants car ils permettent d'avoir une description géométrique des objets à caractériser. Nous donnons ici la définition de la compacité (ou facteur de forme 1), la circularité et le diamètre hydraulique d'un objet o (Lezoray, 2000; Du & Sun, 2004 ; Semnani & *al.*, 2009):

$$Compacité(o) = \frac{4\pi * Aire(o)}{Périmètre^2(o)} \qquad \text{(II.4)}$$

$$Circularité(o) = \frac{Périmètre^2(o)}{Aire(o)} \qquad \text{(II.5)}$$

$$Diamètre\ hydraulique(o) = \frac{4 * Aire(o)}{Périmètre(o)} \qquad \text{(II.6)}$$

Aux attributs de forme ci-dessus cités, nous avons ajouté les moments géométriques qui permettent de décrire une forme à l'aide de propriétés statistiques. En effet, le concept de moments forme une partie importante de la théorie des probabilités élémentaires. Si nous avons une fonction densité de probabilité $p(x)$ qui décrit la distribution aléatoire$x$, alors le moment d'ordre n est défini par (Gonzalez & Woods, 2008):

$$m_n = \int_{-\infty}^{+\infty} x^n p(x)dx \qquad \text{(II.7)}$$

Le moment d'ordre zéro $m_n = \int_{-\infty}^{+\infty} p(x)dx$ donne l'aire totale sous la fonction $p(x)$, et est toujours égal à l'unité si $p(x)$ est une fonction densité de probabilité vraie. Le moment d'ordre un, $\mu = m_n = \int_{-\infty}^{+\infty} x\, p(x)dx$, correspond à la valeur moyenne de la variable aléatoire.

Les moments centraux de la fonction densité de probabilité, qui décrivent les variations autour de l'aire et la moyenne, sont définis par (Gonzalez & Woods, 2008):

$$M_n = \int_{-\infty}^{+\infty} (x-\mu)^n p(x)dx \qquad \text{(II.8)}$$

Le moment central le plus courant, $M_2 = \int_{-\infty}^{+\infty} (x-\mu)^2\, p(x)dx$, c'est la variance bien connue qui constitue la mesure la plus fondamentale de la répartition de la fonction densité de probabilité. Les moments d'ordre supérieurs peuvent produire d'autres informations sur la forme de la fonction densité de probabilité, telles que l'asymétrie. Un important théorème de la théorie des probabilités stipule que la connaissance de tous les moments détermine exceptionnellement la fonction densité de probabilité. Ainsi nous pouvons comprendre que les moments codent collectivement l'information sur la forme de la fonction de densité (Gonzalez & Woods, 2008).

Les moments s'étendent naturellement en 2-D (et dimensions supérieures). Ainsi, le moment d'ordre pq de la fonction densité de probabilité $p(x, y)$ est donné par :

$$m_{pq} = \int_{-\infty}^{+\infty} \int_{-\infty}^{+\infty} (x-\mu)^n p(x,y)dx\, dy \qquad \text{(II.9)}$$

Nous calculons les moments des images, toutefois, en remplaçant de la fonction densité de probabilité par l'intensité de l'image$I(x, y)$. Notons que si l'image considérée est binaire alors les moments codent directement l'information sur la forme (Gonzalez & Woods, 2008).

Ainsi de manière complètement analogue au cas en dimension un (1-D), nous pouvons définir le moment central d'ordre $(p-q)$ de forme 2-D, $I(x,y)$, par :

$$M_{pq} = \int_{-\infty}^{+\infty}\int_{-\infty}^{+\infty}(x-\mu_x)^p\left(y-\mu_y\right)^q I(x,y)dxdy \qquad \text{(II.10)}$$

Puisque les moments centraux sont mesurés par rapport au centre de la forme, il s'ensuit qu'ils sont nécessairement invariants par translation (Gonzalez & Woods, 2008). En général, cependant, nous avons besoin des attributs invariants par changement d'échelle et/ou par rotation de la forme. On démontre et nous admettons que les moments centraux normalisés sont invariant par changement d'échelle. Le moment central normalisé d'ordre $(p-q)$ est défini par (Gonzalez & Woods, 2008):

$$\eta_{pq} = \frac{M_{pq}}{M_{00}^{\beta}} \qquad \text{(II.11)}$$

où $\beta = \frac{p+q}{2} + 1$ et $p + q \geq 2$

A partir de ces moments centraux normalisés, il est possible de calculer sept (07) quantités dérivées attribuées à Hu (également désignées sous le nom de moments) qui sont invariant par translation, changement d'échelle et rotation (Gonzalez & Woods, 2008):

$$H_1 = \eta_{20} + \eta_{02} \qquad \text{(II.12)}$$

$$H_2 = (\eta_{20} - \eta_{02})^2 + 4\eta_{11}{}^2 \qquad \text{(II.13)}$$

$$H_3 = (\eta_{30} - \eta_{12})^2 + (3\eta_{21} - \eta_{03})^2 \qquad \text{(II.14)}$$

$$H_4 = (\eta_{30} + \eta_{12})^2 + (\eta_{21} + \eta_{03})^2 \qquad \text{(II.15)}$$

$$H_5 = (\eta_{30} - 3\eta_{12})(\eta_{30} + \eta_{12})[(\eta_{30} + \eta_{12})^2 - 3(3\eta_{21} + \eta_{03})^2]$$
$$+(3\eta_{21} - \eta_{03})(3\eta_{21} + \eta_{03})[3(3\eta_{21} + \eta_{03})^2 - (\eta_{21} + \eta_{03})^2] \qquad \text{(II.16)}$$

$$H_6 = (\eta_{20} - \eta_{02})[(\eta_{30} + \eta_{12})^2 - (3\eta_{21} + \eta_{03})^2] + 4\eta_{11}{}^2(\eta_{30} + \eta_{12})(3\eta_{21} + \eta_{03}) \qquad \text{(II.17)}$$

$$H_7 = (3\eta_{21} - \eta_{03})(\eta_{30} + \eta_{12})[(\eta_{30} + \eta_{12})^2 - 3(\eta_{21} + \eta_{03})^2]$$

$$+(3\eta_{12} - \eta_{03})(\eta_{21} + \eta_{03})[3(\eta_{30} + \eta_{12})^2 - (\eta_{21} + \eta_{03})^2] \qquad \text{(II.18)}$$

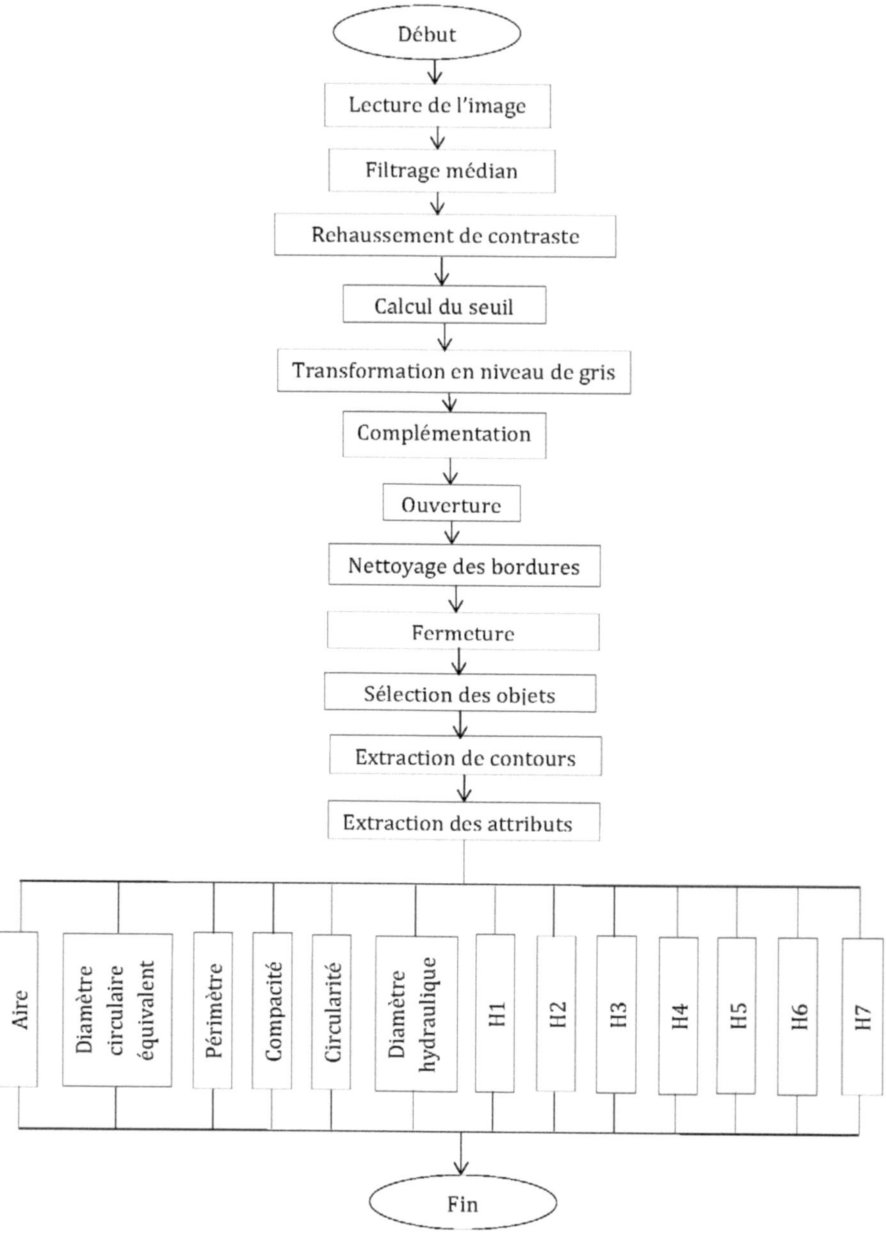

Figure 6 : Schéma méthodologique de l'analyse d'images

II-2-2. Analyse des données

Les attributs d'images extraits, qui sont des données numériques, sont soumis à une analyse de données afin de comprendre comment elles évoluent au sein du même échantillon, puis d'un échantillon à l'autre, afin de vérifier s'ils permettent d'identifier suivant l'origine botanique les différents échantillons d'amidons considérés. L'analyse des données est réalisée selon le schéma méthodologique de la figure 7. Le nombre de variables (les attributs extraits) est supérieur au nombre d'échantillons analysés (les différentes variétés d'amidon considérées). D'abord, une analyse de la variance à un facteur est menée afin de vérifier s'il y a des différences significatives entre les moyennes des attributs d'images pour chaque échantillon d'amidon. Si tel est le cas, un test des comparaisons multiples de Duncan est ensuite mené pour dire quelles moyennes sont significativement différentes les unes des autres. Enfin, une analyse en composantes principales est effectuée pour l'étude de la corrélation entre les attributs d'images et entre ces attributs d'images et des paramètres physicochimiques de nos amidons.

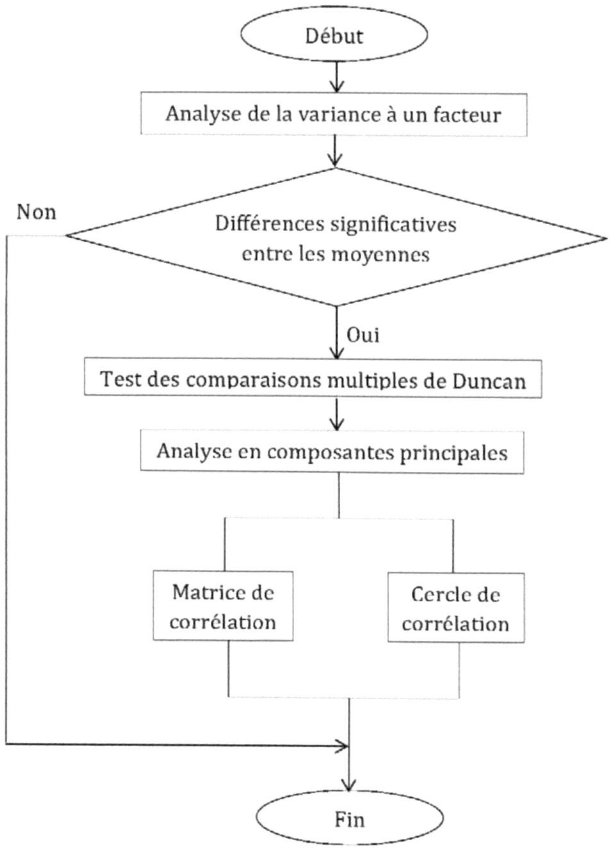

Figure 7 : Schéma méthodologique de l'analyse et traitement des données

CHAPITRE III : RESULTATS ET DISCUSSION

Dans ce chapitre, nous présentons et discutons étape par étape les résultats de la méthode utilisée. Nous commençons par l'acquisition d'images, ensuite les différentes étapes des traitements de bas niveau, puis les traitements de niveau intermédiaire et enfin l'analyse et traitement des données.

III-1. ANALYSE D'IMAGES

III-1-1. Acquisition

La figure 8 ci-dessous est un fruit de notre acquisition d'images. L'acquisition de toutes ces images est faite au même grossissement (x40, grossissement maximal du microscope utilisé) et avec la même résolution (1280x1024, résolution maximale du dispositif d'acquisition). Nous observons que les granules d'amidon sont de tailles et de formes diverses. Pour le grossissement utilisé lors de notre étude, bien que les tailles des granules de Patate douce, Manioc amer, Macabo blanc et rouge soient considérables, leurs formes ne semblent pas évidentes à distinguer les unes des autres.

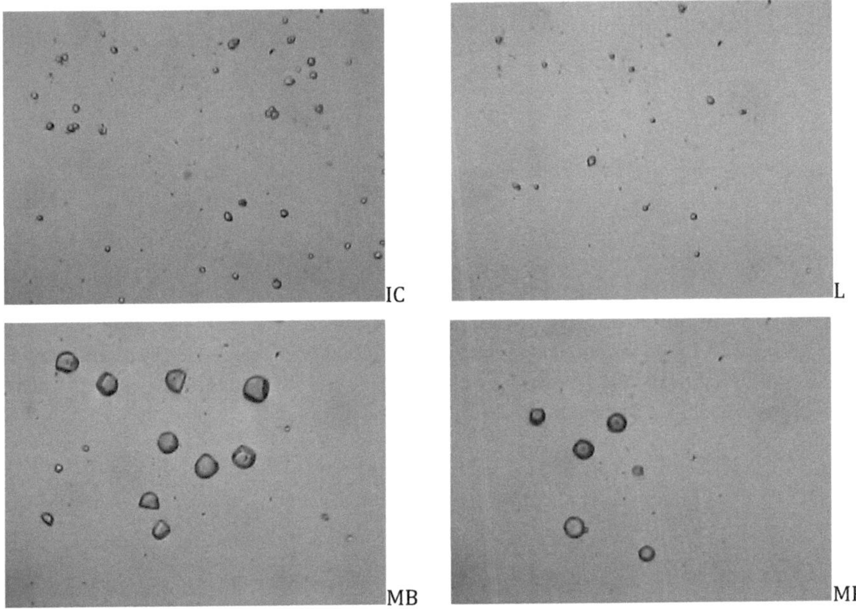

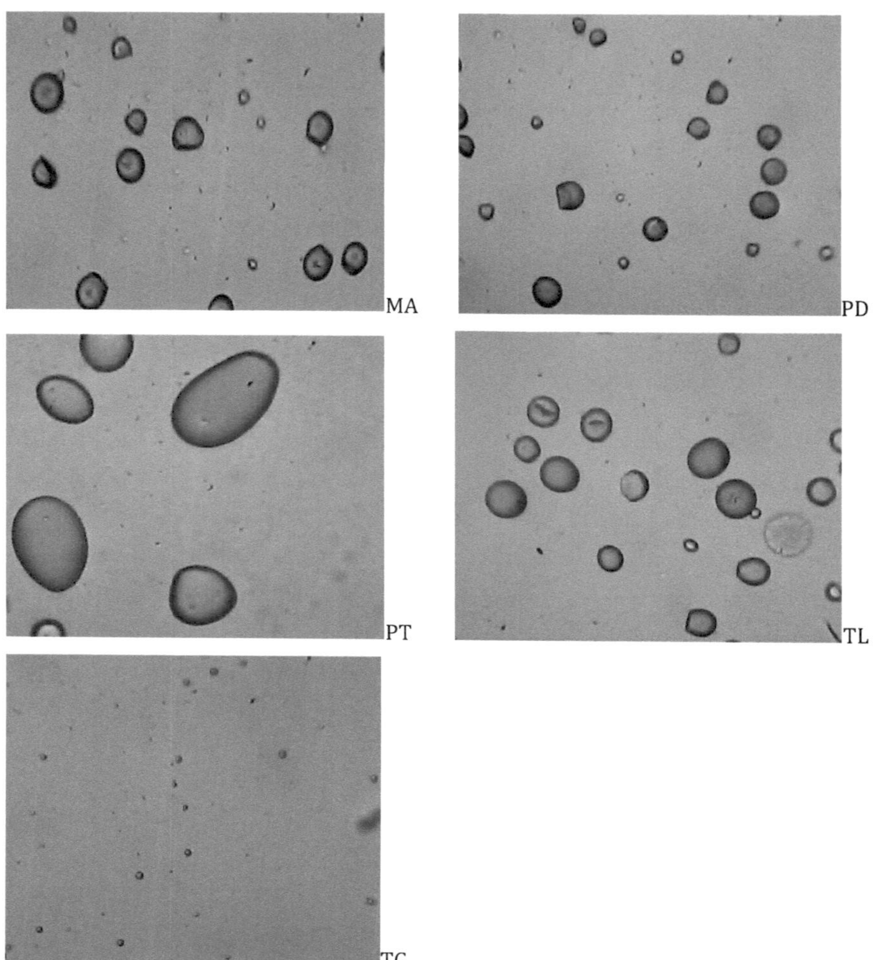

Figure 8: Microscopies optiques des neuf (09) échantillons d'amidon utilisées lors de notre étude (IC : Ibo coco, L : Lamba, MB : Macabo blanc, MR : Macabo rouge, MA : Manioc amer, PD : Patate douce, PT : Pomme de terre, TL : Tacca leontopetaloïde, TG : Taro géant).

On observe que les granules d'amidon de taro (Taro géant (TG), Lamba (L) et Ibo coco(IC)) ont les tailles les plus petites. Par contre, les granules d'amidon de Pomme de terre suivis par ceux de tacca ont les tailles les plus grandes et des formes bien singulières qui se distinguent nettement du lot. Ceci est en accord avec les travaux d'Angellier (2005) & Aboubakar (2009) selon qui parmi les tubercules, le taro a les granules les granules d'amidon les plus petits et la pomme de terre les granules d'amidon les plus gros.

III-1-2. Prétraitement

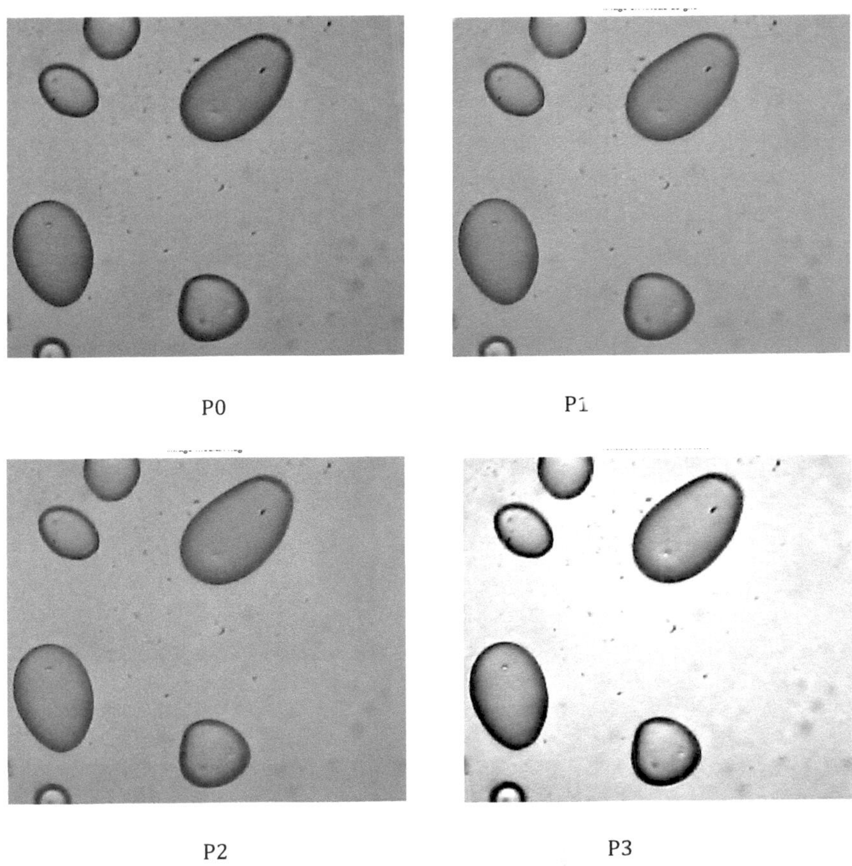

Figure 9: Différentes étapes du prétraitement (cas de la pomme de terre) P0 : image originale ; P1 : image en niveau de gris ; P2 : filtrage médian; P3 : rehaussement de contraste

La figure 9 est une illustration des différentes étapes du prétraitement. L'image originale (P0) est une image couleur RGB. Cette image originale couleur est transformée en une image en niveaux de gris (P1). Ensuite, un filtrage médian est effectué (P3). Enfin nous effectuons un rehaussement de contraste (P2) par égalisation d'histogramme.

III-1-3. Segmentation

Nous présentons à la figure 10 une illustration des différentes étapes de la segmentation. Afin de ne considérer que l'information sur la géométrie des objets d'intérêt, l'image précédente est transformée en image binaire (S1) par seuillage adaptatif. Ensuite, cette image binaire est complémentée (S2) afin de pouvoir utiliser des opérations de morphologie mathématique. Après nous recourons à des gradients morphologiques : ouverture pour la suppression des petites tâches (S3), élimination des objets accolés à la frontière (S4), fermeture pour le remplissage des trous dans les objets (S5). Enfin les objets d'intérêt sont sélectionnés (S6) et leurs contours sont extraits (S7), ouvrant ainsi la voie à la génération des attributs.

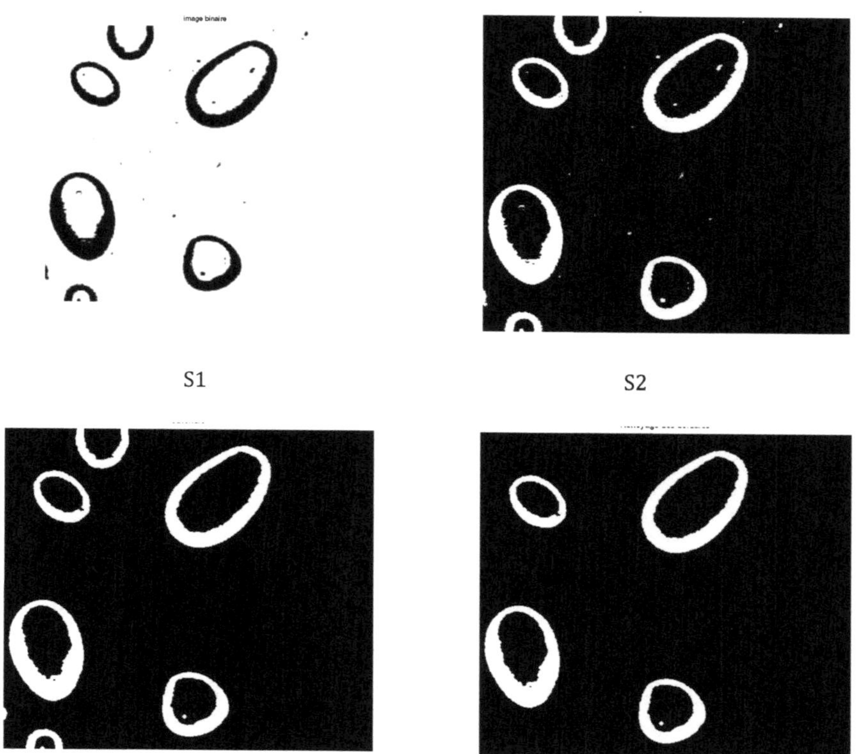

S1 S2

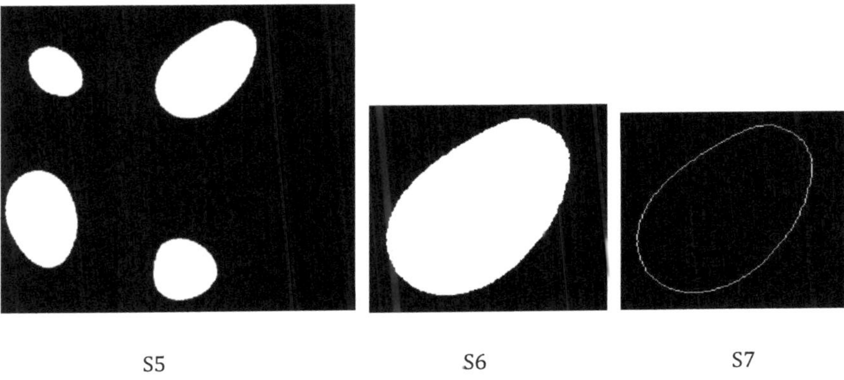

Figure 10: Différentes étapes de la segmentation (cas de la pomme de terre) S1 : image binaire ; S2 : image binaire inversée ; S3 : ouverture ; S4 : élimination des bordures ; S5 : fermeture ; S6 : sélection d'un objet ; S7 : extraction du contour.

III-1-4. Extraction des attributs

Treize (13) attributs d'images (attributs de taille et attributs de forme) sont extraits pour chaque variété d'amidon lors notre étude : l'aire, le diamètre circulaire équivalent (DCE), le périmètre (Pér) et le diamètre hydraulique (DH) qui sont exprimés en pixels tandis que la compacité (Com), la circularité (Cir) et les 7 moments invariants de Hu (H1, H2, H3, H4, H5, H6 et H7) sont des grandeurs sans dimension. L'expérience est répétée onze (11) fois pour chaque échantillon d'amidon. Les résultats sont stockés dans un tableau de données présenté dans le tableau 3.

Tableau 3 : Attributs d'images extraits

	Aire	DCE	Pér	Com	Cir	DH	H1	H2	H3	H4	H5	H6	H7
IC	1051	36,581	124,43	0,85	14,73	33,787	0,79	3,51	4,13	6,77	12,23	8,53	12,581
IC	722	30,32	105,11	0,82	15,3	27,475	0,79	3,09	4,6	7,03	12,91	8,628	13,495
IC	893	33,719	109,84	0,93	13,51	32,52	0,79	3,57	5	7,31	13,66	9,313	14,131
IC	968	35,107	123,01	0,8	15,63	31,477	0,79	2,97	4,88	7,34	13,89	10,39	13,824
IC	1000	35,682	125,01	0,8	15,63	31,997	0,79	4,77	4,94	7,26	13,67	9,972	14,398
IC	958	34,925	116,77	0,88	14,23	32,817	0,79	3,85	4,06	6,51	11,85	8,59	12,021
IC	1120	37,763	128,91	0,85	14,84	34,752	0,79	3,76	4,96	7,17	13,59	9,371	15,772
IC	1171	38,613	137,84	0,77	16,23	33,981	0,76	2,31	4,5	5,98	11,66	7,391	11,284
IC	1217	39,364	137,15	0,81	15,46	35,493	0,76	2,41	4,08	5,32	10,02	6,525	11,02

IC	1185	38,843	133,25	0,84	14,98	35,571	0,79	4,57	4,25	7,94	14,05	10,3	14,007
IC	800	31,915	106,53	0,89	14,18	30,039	0,79	3,95	4,47	7,29	13,17	9,285	13,794
L	936	34,522	121,36	0,8	15,73	30,852	0,78	2,64	6,7	7,55	15,48	8,94	14,963
L	1018	36,002	123,01	0,85	14,86	33,102	0,78	2,88	4,38	6,53	12,14	8,454	11,851
L	1077	37,031	130,43	0,8	15,79	33,03	0,77	2,61	3,85	5,03	9,474	6,338	9,5311
L	863	33,148	121,11	0,74	17	28,502	0,77	2,59	4,26	5,97	11,12	7,389	11,105
L	1067	36,858	131,25	0,78	16,15	32,517	0,79	3,96	4,38	6,31	11,78	8,388	11,511
L	975	35,234	123,94	0,8	15,76	31,467	0,77	2,65	5,85	6,03	11,98	7,354	13,456
L	928	34,374	119,36	0,82	15,35	31,1	0,78	3,16	3,66	5,46	10,46	9,06	10,491
L	713	30,13	99,355	0,91	13,84	28,705	0,79	3,64	4,48	6,46	12,3	8,344	11,979
L	1248	39,862	137,6	0,83	15,17	36,28	0,78	3,15	4,98	5,97	12,4	8,165	11,42
L	1640	45,696	164,43	0,76	16,49	39,896	0,79	3,29	5,64	6,87	13,51	8,919	13,107
L	1064	36,807	128,53	0,81	15,53	33,114	0,79	3,7	4,17	6,69	12,43	9,452	12,424
MB	6318	89,69	308,45	0,83	15,06	81,932	0,79	3,56	5,09	7,92	15,38	9,768	14,842
MB	9098	107,63	378,01	0,8	15,71	96,273	0,8	3,54	5,5	7,81	14,66	9,684	14,439
MB	7744	99,297	356,11	0,77	16,38	86,985	0,79	3,43	4,76	7,04	13,99	9,197	13,138
MB	6279	89,413	321,72	0,76	16,48	78,067	0,8	4,8	5,27	6,92	13,06	9,325	12,876
MB	4943	79,332	277,34	0,81	15,56	71,292	0,8	3,59	5,84	7,66	14,42	9,569	14,598
MB	5386	82,811	290,89	0,8	15,71	74,061	0,8	3,99	5,14	8,15	14,93	10,35	15,414
MB	6973	94,225	333,62	0,79	15,96	83,604	0,8	3,8	5,45	7,8	14,49	10,08	14,284
MB	6262	89,292	309,38	0,82	15,29	80,962	0,8	3,7	5,13	7,66	14,81	10,75	14,129
MB	6382	90,143	329,48	0,74	17,01	77,48	0,79	3,56	4,97	6,52	12,26	8,341	13,151
MB	4188	73,023	253,58	0,82	15,35	66,062	0,79	3,23	5,32	7,27	13,57	8,891	14,434
MB	6309	89,626	309,97	0,83	15,23	81,416	0,79	3,47	5,19	7,52	14,02	9,378	14,382
MR	3935	70,783	247,44	0,81	15,56	63,612	0,8	3,81	6,35	9,07	18,01	11,26	17,527
MR	3959	70,998	253,88	0,77	16,28	62,375	0,79	3,43	5,48	7,65	14,25	9,575	14,854
MR	4695	77,317	260,65	0,87	14,47	72,05	0,8	4,24	7,68	9,2	17,68	11,43	17,543
MR	3931	70,747	245,68	0,82	15,35	64,002	0,8	3,71	5,48	7,71	14,36	9,657	16,343
MR	6674	92,182	317,87	0,83	15,14	83,985	0,8	4,2	4,69	7,18	13,13	9,28	13,129
MR	3647	68,143	230,65	0,86	14,59	63,247	0,8	3,98	4,3	7,43	13,53	10,19	13,467
MR	9867	112,09	390,15	0,81	15,43	101,16	0,79	3,42	5,08	7,36	13,76	9,23	13,451
MR	5866	86,422	294,94	0,85	14,83	79,556	0,8	4,22	5,33	9,07	16,3	11,2	17,699
MR	4098	72,234	243,92	0,87	14,52	67,201	0,79	3,53	5,25	7,77	14,45	9,85	14,998
MR	3604	67,74	236,17	0,81	15,48	61,042	0,8	3,66	5,27	7,61	14,11	9,603	14,119
MR	2989	61,69	217,54	0,79	15,83	54,96	0,8	3,85	5,29	8,13	15,3	10,88	16,126
MA	6769	92,836	317,38	0,84	14,88	85,311	0,8	3,91	6,57	9,62	18,5	11,74	17,659
MA	8592	104,59	361,32	0,83	15,19	95,118	0,79	3,55	4,86	7,58	14,75	10,05	13,798
MA	7285	96,31	335,97	0,81	15,49	86,735	0,8	4,46	5,35	9,22	17,18	12,09	16,809
MA	6204	88,877	310,79	0,81	15,57	79,847	0,8	4,07	5,35	8,87	16,24	11,46	17,59
MA	9849	111,98	400,49	0,77	16,29	98,369	0,8	4,45	8,36	9,25	18,07	11,51	18,037
MA	7382	96,949	330,45	0,85	14,79	89,357	0,79	3,43	5,44	7,53	14,26	9,64	15,947
MA	6011	87,484	301,14	0,83	15,09	79,844	0,8	3,89	6,49	9,38	17,35	11,4	18,7
MA	3698	68,618	235,1	0,84	14,95	62,919	0,8	3,75	5,91	8,5	16,4	10,61	15,776

MA	6763	92,795	323,87	0,81	15,51	83,529	0,8	3,73	5	7,49	13,73	9,355	13,654
MA	5712	85,28	293,72	0,83	15,1	77,788	0,8	3,94	5,53	8,93	16,17	10,95	17,046
MA	4513	75,803	263,1	0,82	15,34	68,614	0,8	3,97	6,21	8,59	16,28	10,67	15,887
PD	6860	93,458	329,62	0,79	15,84	83,247	0,8	4,73	4,96	8,38	15,06	10,84	15,316
PD	5562	84,153	299,48	0,78	16,13	74,289	0,8	3,78	6,13	8,86	17,18	11	16,354
PD	11623	121,65	432,15	0,78	16,07	107,58	0,8	4,19	5,93	8,78	16,33	12,24	16,406
PD	6162	88,576	316,55	0,77	16,26	77,864	0,8	3,72	6,85	10,1	18,65	12,17	18,649
PD	7611	98,441	351,87	0,77	16,27	86,522	0,8	3,84	5,4	8,18	15,06	10,14	15,533
PD	7037	94,656	334,31	0,79	15,88	84,193	0,8	4.46	5,39	8,41	15,34	12,35	16,58
PD	6974	94,231	325,14	0,83	15,16	85,798	0,8	3,69	6,58	9,39	17,41	11,44	17,614
PD	9058	107,39	370,84	0,83	15,18	97,704	0,8	3,65	5,76	8,84	16,35	10,89	17,348
PD	9504	110	385,18	0,8	15,61	98,697	0,8	3,67	6,44	8,46	16,05	10,38	16,037
PD	9992	112,79	398,84	0,79	15,92	100,21	0,8	4,7	4,8	7,69	14,71	10,57	14,465
PD	7622	98,512	343,04	0,81	15,44	88,877	0,8	3,53	6,22	8,57	16,32	10,46	16,07
PT	29034	192,27	671,97	0,81	15,55	172,83	0,78	2,68	5,64	7,41	14,61	10,45	15,599
PT	39187	223,37	797,91	0,77	16,25	196,45	0,76	2,38	4,69	6,15	12,16	8,948	12,669
PT	33298	205,9	740,16	0,76	16,45	179,95	0,76	2,32	4,53	5,81	11,07	7,109	11,552
PT	43567	235,52	894,16	0,68	18,35	194,9	0,77	2,51	3,8	5,3	10,66	7,947	9,7386
PT	43114	234,3	862,97	0,73	17,27	199,84	0,74	2,08	4,53	5,59	10,73	6,78	11,744
PT	36703	216,18	753,96	0,81	15,49	194,72	0,79	3,23	4,65	6,65	12,38	8,36	13,808
PT	23849	174,26	614,42	0,79	15,83	155,26	0,77	2,42	4,44	5,79	10,98	7,118	11,987
PT	25199	179,12	639,83	0,77	16,25	157,54	0,79	2,82	5,69	7,62	14,38	9,121	14,272
PT	37337	218,03	759,03	0,81	15,43	196,76	0,78	2,56	4,6	6,33	11,79	7,613	12,991
PT	52646	258,9	935,7	0,76	16,63	225,06	0,76	2,32	4,36	5,68	10,89	7,116	11,028
PT	36719	216,22	771,71	0,77	16,22	190,32	0,77	2,54	4,59	6,32	11,78	7,592	12,846
TL	13411	130,67	446,43	0,85	14,86	120,16	0,8	3,92	5,42	8,25	15,45	10,49	15,077
TL	8983	106,95	365,76	0,84	14,89	98,238	0,8	3,78	5,84	8,47	16,09	10,86	16,122
TL	19954	159,39	556,58	0,81	15,52	143,41	0,78	2,66	4,81	6,39	11,99	7,722	12,248
TL	10662	116,51	402,74	0,83	15,21	105,9	0,79	3,43	5,84	8,24	16,02	10,96	15,19
TL	9287	108,74	377,91	0,82	15,38	98,299	0,79	3	6,09	7,92	14,93	9,425	14,838
TL	10321	114,63	399,56	0,81	15,47	103,32	0,79	3,27	6	8,5	15,8	10,19	16,716
TL	13311	130,18	447,85	0,83	15,07	118,89	0,79	3,4	7,14	9,22	17,41	10,93	18,761
TL	9323	108,95	372,74	0,84	14,9	100,05	0,79	3,11	5,29	7,26	13,62	8,913	13,503
TL	8000	100,93	358,01	0,78	16,02	89,384	0,79	3,3	5.56	7,71	14,61	9,417	14,697
TL	14369	135,26	470,68	0,82	15,42	122,11	0,79	3,09	5,44	7,55	14,7	9,658	14,046
TL	12943	128,37	444,29	0,82	15,25	116,53	0,8	4,02	6,2	9,22	16,98	11,34	16,851
TG	832	32,547	109,7	0,87	14,46	30,338	0,78	2,85	5,74	6,74	13,12	8,18	13,522
TG	826	32,43	110,28	0,85	14,72	29,959	0,78	2,8	4,29	6,11	12,58	9,063	13,984
TG	1497	43,658	165,25	0,69	18,24	36,235	0,77	2,71	3,73	5,48	11,55	7,552	10,367
TG	779	31,494	109,36	0,82	15,35	28,494	0,79	3,09	4,54	6,47	12,05	8,077	12,15
TG	868	33,244	113,7	0,84	14,89	30,537	0,79	3,13	4,88	6,68	12,58	8,269	12,861
TG	1429	42,655	152,67	0,77	16,31	37,44	0,79	3,47	4	5,93	11,4	9,265	10,783
TG	1144	38,165	133,84	0,8	15,66	34,19	0,77	2,44	5,7	6,95	13,43	8,44	17,841

TG	894	33,738	117,94	0,81	15,56	30,32	0,77	2,6	3,77	5,49	11,48	9,192	11,2
TG	803	31,975	107,7	0,87	14,44	29,824	0,78	2,96	4,11	5,86	10,87	7,345	11,55
TG	1039	36,372	134,53	0,72	17,42	30,893	0,78	3,74	3,43	6,06	10,81	8,1	11,578
TG	894	33,738	117,94	0,81	15,56	30,32	0,77	2,6	3,77	5,49	11,48	9,192	11,2

III-2. ANALYSE DES DONNEES

III-2-1. ANOVA à un facteur et test des comparaisons multiples de Duncan

La variance apporte de l'information quant à l'amplitude de variation d'une variable. L'analyse de la variance à un facteur effectuée a montré qu'il y a une différence statistiquement significative entre les moyennes d'une variable d'un échantillon à l'autre au niveau de confiance de 95,0%. Quant au test des comparaisons multiples (*de Duncan*), il a permis de déterminer quelles moyennes sont statistiquement différentes les unes des autres au niveau de confiance de 95,0%. Les résultats sont résumés dans le tableau 3 où les valeurs sont données sous la forme moyenne ± écart-type. Les « moyenne ± écart-type » munis de la même lettre en puissance ne sont pas statistiquement différentes.

Ainsi, la compacité, la circularité et le cinquième moment de Hu classifient chacun nos neuf (09) variétés d'amidons en trois (03) groupes homogènes ; les troisième et septième moments de Hu en quatre (04) groupes homogènes ; l'aire, le diamètre circulaire équivalent, le périmètre, les premier et quatrième moments de Hu en cinq (05) groupes homogènes ; le diamètre hydraulique, les second et sixième moments de Hu en six (06) groupes homogènes. Nous avons travaillé sur neuf (09) variétés d'amidons et donc nous attendions que, pris isolément, nos attributs d'images, dans le meilleur des cas, les classifient en neuf (09) groupes homogènes. Cependant, le nombre maximum de groupes homogènes obtenus par classification selon nos attributs d'images pris isolément de nos neuf (09) variétés d'amidons est six (06) pour les attributs d'images les plus satisfaisants et décroît jusqu'à atteindre trois (03) pour les attributs d'images les moins satisfaisants. Il apparaît donc clairement que chacun de nos attributs d'images classifient nos variétés d'amidons en un nombre de groupes homogènes

Tableau 4 : Résumé de l'ANOVA et du test des étendus multiples

	IC	L	MB	MR	MA	PD	PT	TL	TG
Aire	1007 ± 160^{a}	1048 ± 239^{a}	6352 ± 1322^{bc}	4842 ± 1976^{b}	6616 ± 1724^{bc}	8000 ± 1826^{c}	36423 ± 8462^{e}	11869 ± 3428^{d}	1000 ± 252^{a}
DCE	$35{,}7\pm3.0^{a}$	$36{,}3\pm4.0^{a}$	$89{,}4\pm9.3^{c}$	$77{,}3\pm14.4^{b}$	$91{,}0\pm12.2^{c}$	$100{,}3\pm11.3^{c}$	$214{,}0\pm25.1^{e}$	$121{,}8\pm16.9^{d}$	$35{,}4\pm4.2^{a}$
Pér	122 ± 11^{a}	127 ± 15^{a}	315 ± 34^{c}	267 ± 49^{b}	315 ± 44^{c}	353 ± 39^{c}	767 ± 102^{e}	422 ± 58^{d}	124 ± 19^{a}
Com	0.84 ± 0.04^{c}	0.81 ± 0.04^{b}	0.80 ± 0.03^{ab}	0.83 ± 0.03^{bc}	0.82 ± 0.02^{bc}	0.80 ± 0.02^{ab}	0.77 ± 0.04^{a}	0.82 ± 0.02^{bc}	0.80 ± 0.06^{b}
Cir	15.0 ± 0.8^{a}	15.6 ± 0.8^{b}	15.8 ± 0.6^{bc}	15.2 ± 0.6^{ab}	15.3 ± 0.4^{ab}	15.8 ± 0.4^{bc}	16.3 ± 0.9^{c}	15.3 ± 0.3^{ab}	15.7 ± 1.2^{b}
DH	32.7 ± 2.4^{a}	32.6 ± 3.3^{a}	79.8 ± 8.1^{c}	70.3 ± 13.3^{b}	82.5 ± 10.5^{cd}	89.5 ± 10.2^{d}	187.6 ± 20.1^{f}	110.6 ± 15.3^{e}	31.7 ± 3.0^{a}
H1	0.79 ± 0.01^{cd}	0.78 ± 0.01^{bc}	0.79 ± 0.00^{e}	0.80 ± 0.00^{e}	0.80 ± 0.00^{e}	0.80 ± 0.00^{e}	0.77 ± 0.02^{a}	0.79 ± 0.01^{de}	0.78 ± 0.01^{b}
H2	3.52 ± 0.79^{de}	3.12 ± 0.49^{bc}	3.70 ± 0.42^{def}	3.82 ± 0.31^{ef}	3.92 ± 0.32^{f}	4.00 ± 0.44^{f}	2.53 ± 0.30^{a}	3.36 ± 0.41^{cd}	2.95 ± 0.39^{b}
H3	4.53 ± 0.37^{a}	4.76 ± 0.94^{ab}	5.24 ± 0.29^{bc}	5.47 ± 0.89^{cd}	5.91 ± 1.00^{d}	5.86 ± 0.66^{d}	4.68 ± 0.54^{ab}	5.79 ± 0.60^{cd}	4.36 ± 0.79^{a}
H4	6.90 ± 0.73^{b}	6.26 ± 0.69^{a}	7.48 ± 0.49^{bc}	8.02 ± 0.75^{c}	8.63 ± 0.78^{de}	8.69 ± 0.63^{e}	6.24 ± 0.74^{a}	8.07 ± 0.84^{cd}	6.11 ± 0.53^{a}
H5	12.8 ± 1.2^{a}	12.1 ± 1.6^{a}	$14.1\pm.9^{b}$	15.0 ± 1.7^{b}	16.3 ± 1.5^{c}	16.2 ± 1.2^{c}	12.0 ± 1.4^{a}	15.2 ± 1.5^{bc}	11.9 ± 0.9^{a}
H6	8.94 ± 1.19^{bc}	8.25 ± 0.91^{ab}	9.58 ± 0.67^{cd}	10.20 ± 0.84^{de}	10.86 ± 0.89^{ef}	11.13 ± 0.80^{f}	8.01 ± 1.12^{a}	9.99 ± 1.08^{d}	8.42 ± 0.67^{ab}
H7	13.3 ± 1.4^{ab}	12.0 ± 1.5^{a}	14.2 ± 0.8^{bc}	15.4 ± 1.7^{cd}	16.4 ± 1.6^{d}	16.4 ± 1.2^{d}	12.6 ± 1.6^{a}	15.3 ± 1.8^{cd}	12.5 ± 2.1^{a}

inférieur au nombre de variétés d'amidons considérées. Ce résultat qui, de prime abord, pourrait être perçu comme une insuffisance de notre méthode se justifie et s'explique par le fait que nous avons certes travaillé sur neuf (09) variétés d'amidons, mais parmi lesquelles six (06) seulement sont d'origines botaniques différentes. En effet Ibo coco, Lamba et le Taro géant sont tous des taros de même que les macabos blanc et rouge sont tous des macabo. Il résulte de ce qui précède que parmi les treize (13) attributs d'images utilisés lors de notre étude, trois (03) à savoir le diamètre hydraulique (DH), les second (H2) et sixième (H6) moments de Hu permettent effectivement d'identifier nos amidons suivant leurs origines botaniques. Les attributs d'images tels que l'aire, le diamètre circulaire équivalent, le périmètre, les premier et quatrième moments de Hu se sont révélés incapables à distinguer le manioc des macabos. Plus grand est le nombre d'origines botaniques que ne distingue par un attribut d'image, plus petit est le nombre de groupes homogènes qu'il nous restitue.

Des attributs d'images (attributs de taille tels que l'aire, le périmètre, le diamètre circulaire équivalent et attribut de forme tel que le diamètre hydraulique) traduisent les dimensions (« grand » ou « petit ») de nos granules d'amidons. Ils permettent donc de classer nos échantillons d'amidon suivant la taille de leurs granules par ordre décroissant : la Pomme de terre, le Tacca, la Patate douce, le Manioc amer, les Macabo rouge et blanc, et le Taro (Ibo coco, Lamba, Taro géant). Ceci corrobore l'observation visuelle humaine et les résultats rencontrés dans la littérature. Ce résultat est précieux pour les applications industrielles des amidons et donc des farines. En effet, selon Aboubakar (2009), la taille des granules d'amidon a une influence sur ses propriétés d'hydratations et thermiques : il est donc important de bien connaître les caractéristiques granulométriques des amidons pour comprendre et maîtriser tous leurs paramètres d'hydratation et de gélatinisation.

La compacité, souvent dénommée *facteur de forme 1* par certains auteurs, est un attribut d'image (attribut de forme) qui quantifie l'aspect circulaire de la forme des objets. Sa valeur varie entre 0 et 1 : elle vaut 1 pour des objets de forme parfaitement ronde et décroit quand la forme s'écarte du rond parfait. Ainsi, pour nos échantillons, parmi les compacités les plus fortes on note celles des variétés Macabo rouge (0,83), Manioc amer et Tacca (0,82), tandis que la compacité la moins forte est celle de la variété dont les granules sont les moins ronds : la Pomme de terre (0,77). Toutefois, compte tenu de l'importante variabilité de la forme des granules d'amidons au sein et en dehors d'une même espèce, la compacité s'est révélée, lors de notre étude, ne pas être un bon attribut d'image pour l'identification de nos échantillons d'amidons. En effet, sur les neuf (09) variétés d'amidons étudiées provenant de six origines botaniques différentes, elle nous restitue seulement trois (03) groupes homogènes.

Les sept (07) moments de Hu sont des attributs d'images basés sur des propriétés statistiques des objets dans l'image. Deux d'entre eux, les premier et sixième moments, satisfont pleinement à identifier nos amidons suivant leurs origines botaniques. Les premier et quatrième moments de Hu se sont révélés incapables à distinguer le manioc des macabos. Plus grand est le nombre d'origines botaniques que ne distingue par un attribut d'image, plus petit est le nombre de groupes homogènes qu'il nous restitue. Cependant, du fait qu'ils soient basés sur des propriétés statistiques des objets dans l'image, leur comportement n'est vraiment pas évident à cerner même si leur évolution au sein de nos échantillons semble présenter une certaine similitude.

Au cours de notre étude, nous avons travaillé avec treize (13) attributs d'images dont certains nous ont donné les mêmes résultats. On pourrait alors naturellement se demander si l'utilisation de tous ces attributs d'images était vraiment nécessaire. Sinon lesquels aurait-il suffit de considéré sans que cela n'altère en rien les résultats de notre étude ? bien plus, nos attributs d'images pourraient-ils présenter quelque corrélations avec des paramètres physicochimiques de nos amidons ? La recherche de réponses à ce questionnement nous a conduit vers la statistique descriptive multidimensionnelle, et singulièrement l'analyse en composantes principales (ACP).

III-2-2. Analyse en composantes principales

L'analyse en composantes principales (ACP) réalisée lors de notre étude nous a permis d'étudier et de visualiser les corrélations entre nos treize (13) attributs d'images entre eux d'une part, et d'autre part entre ces attributs d'images et sept (07) paramètres physico-chimiques de nos échantillons à nous fournis par le Laboratoire de Biophysique, Biochimie Alimentaire et Nutrition (LBBAN) de l'ENSAI de l'Université de Ngaoundéré. On veut comprendre comment ces paramètres physico-chimiques sont liés à nos attributs d'images. Cependant, on ne souhaite pas qu'ils interviennent dans la confection des axes : ils sont donc considérés comme variables supplémentaires, tandis que nos attributs d'images sont dits variables actives. Les résultats de cette exploration sont résumés par le tableau 4 qui présente la matrice de corrélation de Pearson et la figure 11 présente le cercle de corrélation. Les vingt (13+7) variables (13 variables actives et 7 variables supplémentaires) utilisées pour cette analyse peuvent s'organiser en deux composantes principales : F1 et F2 qui tous les deux expriment 93,06% de l'information. La composante principale F1 explique 55,88% de l'information totale et la composante principale F2 explique 37,17% de l'information totale. La figure 12 quant à elle illustre la représentation des individus sur nos deux axes principaux F1 et F2.

Des attributs d'images tels que l'aire, le périmètre, les diamètres circulaire équivalent et hydraulique ont révélé une corrélation positive très forte (0,961<r<0,999) entre eux. De plus, le périmètre, les diamètres circulaire équivalent et hydraulique ont révélé une corrélation positive très forte (0,941<r<0,984) avec la médiane de la distribution de tailles obtenue par granulométrie Laser. Ce qui est naturel car ils visent tous à quantifier la description d'un objet par des termes tels que « grand » ou « petit » (à une échelle donnée). De plus on a noté une corrélation négative statistiquement significative entre ces attributs d'images et des paramètres physico-chimiques tels que le taux de cristallinité d'une part et le pouvoir de gonflement par absorption d'eau (aire exclue). La compacité et la circularité sont très fortement corrélées négativement (r=-0,992) et présentent une corrélation statistiquement significative (r=0,704) pour la compacité et (r=-0.728) pour la circularité avec le taux de recristallisation au cours de la rétrogradation. Ces corrélations entre attributs d'images et paramètres physicochimiques sont des atouts à mettre à l'actif de l'analyse qui permettraient alors de développer de nouvelles méthodes de mesure de paramètres physicochimiques des poudres d'amidons. Les sept moments de Hu, quoiqu'ils contribuent de façon efficiente à la discrimination deux à deux de nos différentes variétés d'amidons, sont très fortement corrélés entre aux et ne présentent de corrélation statistiquement significative ni avec les autres attributs d'images, ni avec les paramètres physico-chimiques considérés.

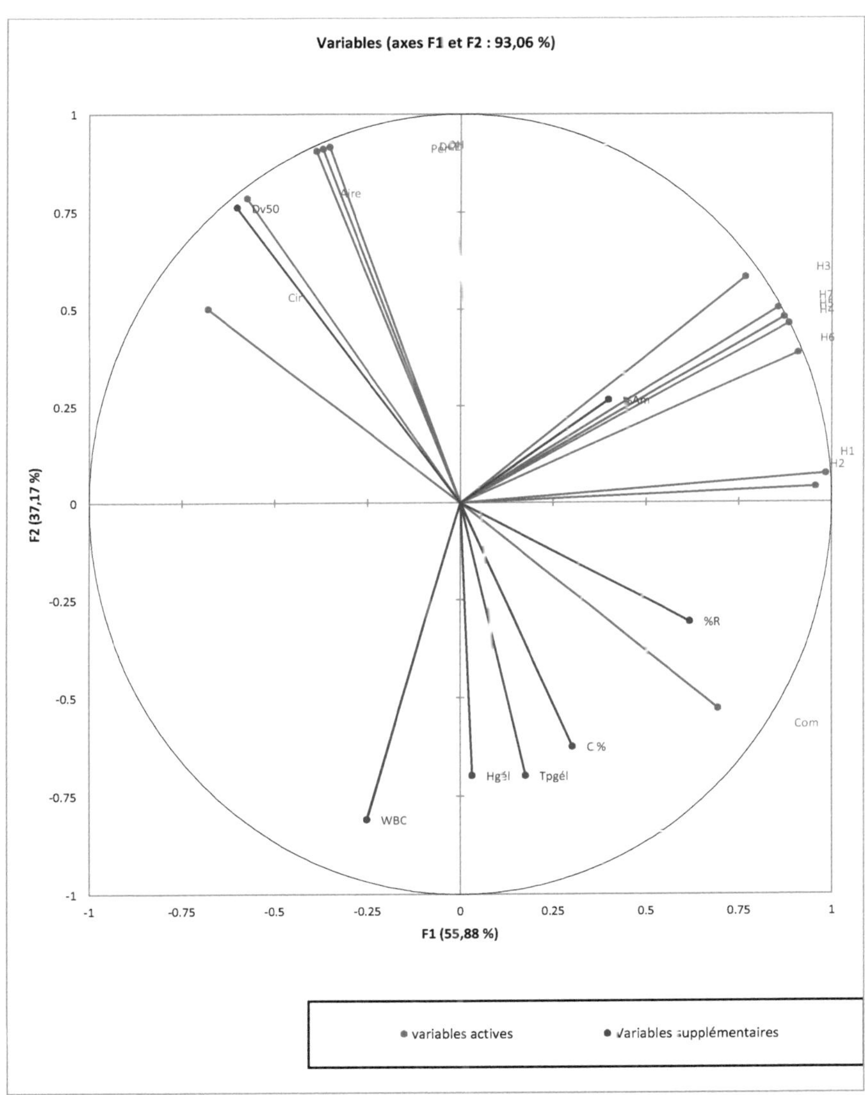

Figure 11: Cercle de corrélation

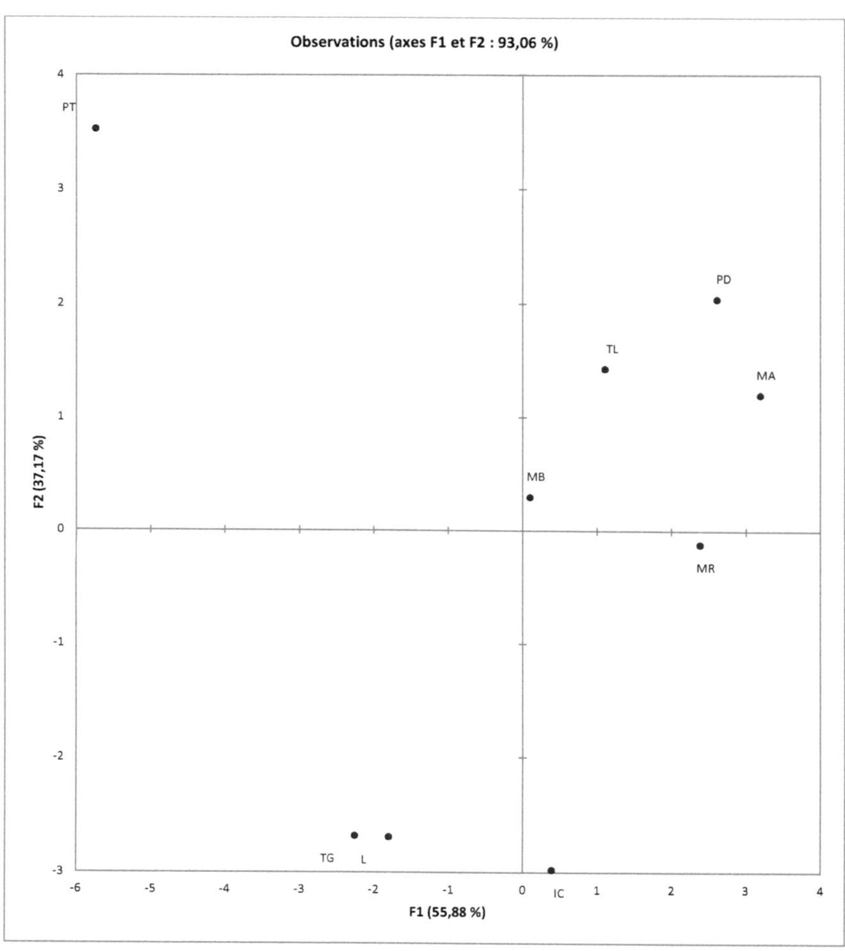

Figure 12: représentation des individus

Tableau 5 : Matrice de corrélation

Var	Aire	DCE	Pér	Com	Cir	DH	H1	H2	H3	H4	H5	H6	H7	%Am	WBC	Dv50	%C	Tpgél	Hgél	%R
Aire	**1**																			
DCE	**0,966**	**1**																		
Pér	**0,970**	**1,000**	**1**																	
Com	**-0,711**	-0,652	-0,665	**1**																
Cir	**0,677**	0,618	0,632	**-0,992**	**1**															
DH	**0,961**	**1**	**0,999**	-0,638	0,602	**1**														
H1	-0,502	-0,299	-0,315	0,633	-0,610	-0,282	**1**													
H2	-0,535	-0,336	-0,349	0,580	-0,539	-0,321	**0,974**	**1**												
H3	-0,012	0,233	0,215	0,204	-0,213	0,251	**0,766**	**0,727**	**1**											
H4	-0,148	0,091	0,073	0,363	-0,363	0,110	**0,901**	**0,865**	**0,952**	**1**										
H5	-0,139	0,103	0,085	0,326	-0,331	0,121	**0,885**	**0,845**	**0,966**	**0,997**	**1**									
H6	-0,241	-0,007	-0,024	0,365	0,361	0,010	**0,930**	**0,898**	**0,917**	**0,987**	**0,986**	**1**								
H7	-0,097	0,138	0,120	0,315	-0,325	0,156	**0,883**	**0,828**	**0,937**	**0,991**	**0,991**	**0,984**	**1**							
%Am	0,004	0,171	0,156	0,301	-0,316	0,187	0,413	0,364	0,442	0,465	0,448	0,403	0,468	**1**						
WBC	-0,552	**-0,705**	**-0,695**	0,120	0,115	**-0,714**	-0,337	-0,329	-0,608	-0,585	-0,574	-0,490	-0,598	-0,599	**1**					
Dv50	**0,984**	**0,946**	**0,951**	**-0,742**	**0,694**	**0,941**	-0,534	-0,586	-0,049	-0,183	-0,167	0,262	-0,115	0,020	-0,485	**1**				
%C	**-0,678**	**-0,674**	**-0,678**	0,580	-0,554	**-0,670**	0,169	0,263	-0,015	-0,006	-0,016	-0,009	-0,116	-0,131	0,408	**-0,741**	**1**			
Tpgél	-0,645	-0,661	-0,662	0,587	-0,521	-0,658	0,116	0,184	-0,208	-0,173	-0,204	-0,176	-0,270	0,204	0,333	**-0,702**	**0,681**	**1**		
Hgél	-0,556	-0,599	-0,600	0,504	-0,463	-0,597	-0,008	-0,010	-0,341	-0,309	-0,331	-0,298	-0,357	0,306	0,390	-0,552	0,386	**0,899**	**1**	
%R	-0,590	-0,465	-0,480	**0,704**	**-0,728**	-0,448	0,520	0,487	0,316	0,421	0,401	0,422	0,387	0,544	0,071	-0,550	0,502	0,360	0,311	**1**

CONCLUSION ET PERSPECTIVES

En vue de les identifier suivant leurs origines botaniques, l'analyse d'images de microscopie optique a été menée sur neuf (09) variétés d'amidons de tubercules : les taros variétés Ibo coco (IC) et Lamba (L) et le taro géant *Cyrtosperma merkusii* (TG), les macabos variétés macabo blanc (MB) et macabo rouge (MR), le manioc amer (MA), la patate douce (PD), la pomme de terre (PT), le Tacca leontopetaloïde (TL). Treize (13) attributs d'images dont trois (03) attributs de taille à savoir l'aire, le diamètre circulaire équivalent (DCE), le périmètre (Pér) et dix (10) attributs de forme dont la compacité (Com), la circularité (Cir), le diamètre hydraulique (DH), les sept (07) moments de Hu (H1, H2, H3, H4, H5, H6 et H7) ont été extraits. Ces attributs d'images ont été soumis à une analyse de la variance à un facteur suivie d'un test des comparaisons multiples (de Duncan) qui ont permis de regrouper nos échantillons d'amidons en des groupes homogènes et donc de mettre en évidence ceux qui présentent entre eux une différence statistiquement significative.

Il ressort de cette étude que sur les treize (13) attributs d'images considérés, trois (03) à savoir le diamètre hydraulique (DH), les second (H2) et sixième (H6) moments de Hu satisfont parfaitement à identifier nos amidons suivant leurs origines botaniques. Des attributs d'images tels que l'aire, le diamètre circulaire équivalent (DCE), le périmètre (Pér), les premier (H1) et quatrième (H4) moments de Hu se sont révélés incapables à distinguer les origines botaniques manioc et macabo. Les autres attributs d'images ont apporté beaucoup moins de satisfaction : répartition en quatre (04) groupes homogènes pour les troisième (H3) et septième (H7) de Hu et en trois (03) groupes homogènes pour la compacité (Com), la circularité (Cir) et le cinquième (H5) moment de Hu.

De plus une analyse en composantes principales a été menée sur ces attributs d'images entre eux et entre ces attributs d'images et des paramètres physico-chimiques de nos échantillons d'amidons. Elle a révélé une corrélation très forte entre certains attributs d'images : positive très forte ($0,961<r<0,999$) entre l'aire, le périmètre, les diamètres circulaire équivalent et hydraulique d'une part, ($r \approx 0.911$) entre les moments de Hu entre eux d'autre part ; et négative très forte ($r \approx -0.992$) entre la compacité et la circularité. Elle a également révélé une corrélation entre nos attributs d'images et des paramètres physico-chimiques de nos échantillons d'amidons : négative ($-0,714 < r < -0,695$) d'une part entre le périmètre, les diamètres circulaire équivalent et hydraulique d'un côté et le pouvoir de gonflement par absorption d'eau de l'autre côté ; positive ($r \approx 0.704$) entre la compacité et le taux de recristallisation lors de recristallisation lors de la rétrogradation, négative ($r \approx -0.728$) entre la circularité et le taux de recristallisation lors de la rétrogradation. Ce résultat fondamental constitue un préalable très important en vue de la recherche de relations liant attributs d'images et paramètres physico-chimiques, ce qui permettrait alors de mesurer des paramètres physicochimiques des amidons par analyse d'images.

Lors de notre travail, nous avons focalisé notre attention sur deux types d'attributs d'image : les attributs de taille et les attributs de forme. Cette étude pourrait être enrichie en l'élargissant aux deux autres types d'attributs d'images : les attributs de couleur et les attributs de texture. Une combinaison des quatre types d'attributs d'images à savoir la couleur, la taille, la forme et la texture pourrait également être envisagée.

REFERENCES BIBLIOGRAPHIQUES

Abdullah M. Z., Image acquisition systems. In *Computer Vision Technology for Food Quality Evaluation*. ISBN 978-0-12-373642-0, Academic Press / Elsevier, San Diego, California, USA, pp3-35, 2008.

Aboubakar, Optimisation des paramètres de production et de conservation de la farine de taro (*Colocasia esculenta*), thèse de doctorat/PhD, Université de Ngaoundéré, 2009.

Aigouy L., De Wilde Y. & Frétigny C., Les nouvelles microscopies : A la découverte du nano monde. Belin, 2006.

Angellier H., Nanocristaux d'amidons de maïs cireux pour applications composites, thèse de doctorat, Université Joseph-Fourier de Grenoble 1, 2005.

Brosnan T. & Sun D.-W., Improving quality inspection of food products by computer vision. Journal of Food Engineering, 61, 3-16, 2004.

Chiu C.-W. & Solarek D., Modification of starches, In *Starch: Chemistry and Technology.* Third Edition, pp630-655, ISBN: 978-0-12-746275-2, Elsevier Inc. All rights reserved, Copyright © 2009.

Du C.-J. & Sun D.-W., Recent development in the applications of image processing techniques for food quality evaluation. Trends in Food Science & Technology, 15, 230-249, 2004.

Du C.-J. & Sun D.-W., Object classification methods. In *Computer Vision Technology for Food Quality Evaluation.* ISBN 978-0-12-373642-0, Academic Press / Elsevier, San Diego, California, USA, pp81-107, 2008.

Gonzalez R. C. & Woods R. E., Digital Image Processing. Third Edition, Pearson Prentice Hall, 2008.

Jane J.-L., Structural features of starch granules II. In *Starch: Chemistry and Technology.* Third Edition, pp194-236, ISBN: 978-0-12-746275-2, Elsevier Inc. All rights reserved, Copyright © 2009.

Lezoray O., Segmentation d'images couleur par morphologie mathématique et classification de données par réseaux de neurones : application à la classification de cellules en cytologie des séreuses. Thèse de Doctorat, Ecole Doctorale Structure, Information, Matière et Matériaux, Université de Caen/Basse-Normandie, 2000.

Malumba K. P., Influence de la température lors du séchage sur les propriétés techno- fonctionnelles du maïs. Thèse de doctorat, Faculté Universitaire des Sciences agronomiques de Gembloux, 2008.

Malumba P., Janas S., Deroanne C., Masimango T. & Béra F., Structure de l'amidon de maïs et principaux phénomènes impliqués dans sa modification thermique. Biotechnol. Agron. Soc. Environ. 15(2), 315-326, 2011.

Mason W. R., Starch Use in Foods. In *Starch: Chemistry and Technology.* Third Edition, ISBN: 978-0-12-746275-2, Elsevier Inc. All rights reserved, Copyright © 2009.

Narendra V. G. & Hareesh K. S., Prospects of Computer Vision Automated Grading and Sorting Systems in Agricultural and Food Products for Quality Evaluation. International Journal of Computer Applications (0975 – 8887) Volume 1 – No. 4, 2010.

Pérez S., Baldwin P. M. & Gallant D. J., *Structural features of starch granules I,* In Starch: Chemistry and Technology. Third Edition, ISBN: 978-0-12-746275-2, Elsevier Inc. All rights reserved, Copyright © 2009.

Russ J. C., The Image Processing Handbook. 5th Edition. ISBN 0-8493-7254-2, CRC Press Taylor & Francis Group, 821 p., 2007.

Schwach E., Etude des systèmes multiphases biodégradables à base d'amidon de blé plastifié, relation structure-approche de la compatibilisation. Thèse de doctorat, université de Reims Champagne-Ardenne, 2004.

Semnani D., Ahangareianabhari M. & Ghayoor H., A novel computer vision method for evaluating deformations of fibers cross section in false twist textured yarns. World Academy of Science, Engineering and Technology, 49, 2009.

Singh N., Singh J., Kaur L., Singh S.N. & Singh G.B., Morphological, Thermal and Rheological Properties of Starches from Different Botanical Sources. Food Chemistry, 81 p. 219-231, 2003.

Souchier C., Analyse d'images. Techniques de l'ingénieur, traité Analyse et Caractérisation, 2005.

Sun D.-W., Computer Vision Technology for Food Quality Evaluation. ISBN 978-0-12-373642-0, Academic Press / Elsevier, San Diego, California, USA, p.2, 2008.

Tara A., Modification chimique de l'amidon par extrusion réactive. Thèse de doctorat, université de Reims Champagne-Ardenne, 2005.

Tong C.-S., Choy S.-K., Zhao Z.-Z., Liang Z.-T & Chen H., Identification of starch grains in microscopic images based on granulometric operations. Microscopy Research and Technique 70:724–732, Wiley-Liss, Inc. 2007.

Tong C.-S., Choy S.-K., Chiu S.-N., Zhao Z.-Z. & Liang Z.-T., Characterization of shapes for use in classification of starch grains images. Microscopy Research and Technique 71:651–658, Wiley-Liss, Inc. 2008.

Tremeau A., Fernadez-Maloigne C. & Bonton P., Image couleur : de l'acquisition au traitement. Dunod, 2004.

Zheng C. & Sun D.-W., Object measurement methods. In *Computer Vision Technology for Food Quality Evaluation*. ISBN 978-0-12-373642-0, Academic Press / Elsevier, San Diego, California, USA, pp57-80, 2008.

Zheng C., & Zheng L., Recent developments and applications of image features for food quality evaluation and inspection, Trends in Food Science & Technology 17, 642-655, 2006.

Printed by Books on Demand GmbH, Norderstedt / Germany